U0315513

NEMS 传感器的研制与应用

谭苗苗　著

北　京
冶 金 工 业 出 版 社
2017

内 容 提 要

本书概述了 NEMS 传感器的结构类型、加工工艺类型和常用的测试方案，并对目前国内外 NEMS 传感器研究取得的研究成果和发展现状进行了总结分析；针对 NEMS 传感器比较常见的场效应晶体管结构，详细阐述了两种不同的一维纳米结构组装 NEMS 器件的工艺方法，以及器件电路结构加工工艺等；并将硅纳米线场效应晶体管结构的传感器应用于空气生物气溶胶的在线检测；对 NEMS 传感器未来的发展方向进行了展望。本书可供相关科研单位技术人员和大专院校相关专业师生参考。

图书在版编目 (CIP) 数据

NEMS 传感器的研制与应用/谭苗苗著. —北京：冶金工业出版社，2017.1

ISBN 978-7-5024-7442-3

Ⅰ.①N…　Ⅱ.①谭…　Ⅲ.①机电系统—传感器—研究

Ⅳ.①TM7

中国版本图书馆 CIP 数据核字（2017）第 012648 号

出 版 人　谭学余
地　　址　北京市东城区嵩祝院北巷 39 号　邮编　100009　电话　(010)64027926
网　　址　www.cnmip.com.cn　电子信箱　yjcbs@cnmip.com.cn
责任编辑　姜晓辉　美术编辑　杨　帆　版式设计　杨　帆
责任校对　郑　娟　责任印制　李玉山
ISBN 978-7-5024-7442-3
冶金工业出版社出版发行；各地新华书店经销；三河市双峰印刷装订有限公司印刷
2017 年 1 月第 1 版，2017 年 1 月第 1 次印刷
169mm×239mm；7.5 印张；181 千字；109 页
28.00 元
冶金工业出版社　投稿电话　(010)64027932　投稿信箱　tougao@cnmip.com.cn
冶金工业出版社营销中心　电话　(010)64044283　传真　(010)64027893
冶金书店　地址　北京市东四西大街 46 号(100010)　电话　(010)65289081(兼传真)
冶金工业出版社天猫旗舰店　yjgycbs.tmall.com

（本书如有印装质量问题，本社营销中心负责退换）

前　言

　　纳米机电系统（NEMS）是随着微机电系统（MEMS）和纳米技术的进步而发展起来的。由于纳米尺度带来的纳米效应，NEMS 传感器有望突破传统器件的性能极限，近年来受到国内外研究者的广泛关注。NEMS 器件目前大都处于实验室研究阶段，少有成熟的 NEMS 产品应用于实际检测对象。将 NEMS 器件的先进研究成果进行成功转化已迫在眉捷。NEMS 器件相关技术研究比较前沿，且涉及学科领域面广。作者结合自己在攻读博士学位和博士后流动站工作期间，以及近几年工作中 NEMS 传感器的研究及创新型成果，将 NEMS 传感器从设计、加工、测试到最终应用于实际检测环境的整个过程涉及到的关键技术进行了介绍。

　　本书主要内容包括七个部分：NEMS 传感器的结构及加工工艺设计，基于一维纳米材料的 NEMS 传感器研究进展，面向 NEMS 传感器的一维纳米结构流体组装，面向 NEMS 传感器的一维纳米结构介电电泳组装，面向 NEMS 传感器的电接触性能研究、NEMS 传感器在空气环境检测中的应用、NEMS 传感器的发展趋势及应用前景展望。

　　本书的出版由北京联合大学学术著作出版基金资助。

本书的出版由北京联合大学学术著作出版基金资助。

谭苗苗

2016 年 9 月 27 日于北京联合大学

目　录

1 NEMS 传感器的结构及加工工艺设计

微机电系统（MEMS）具有体积小、成本低、易于集成和批量生产等优点，在信息、军事、医疗、汽车、航天等领域有广泛的应用。近年来，随着纳米材料和结构研究的深入，将纳米材料、纳米结构和纳米加工与 MEMS 相结合，形成了一个新的研究方向纳机电系统（NEMS）。NEMS 通常涉及物理、化学、生物、材料、电子、机械等多门学科，是一个多学科交叉的新科技领域。利用纳米材料及纳米结构表现出的独特的力、电、热、光、磁等性能进行新型纳传感器件的研究逐渐成为 NEMS 研究的一个热点。从纳米材料的效应和性质出发，可以突破常规器件的性能极限，实现具有高灵敏度、低功耗、低噪声的纳米器件和系统。

1.1 NEMS 传感器的敏感元件：一维纳米材料

自 1985 年富勒烯和 1991 年碳纳米管发现以来，研究者们就开始探索碳纳米管的制备方法和应用，并由此推动了一维纳米材料的进一步研究。一维纳米材料是在二维方向上为纳米尺度，剩下的一维方向为微米或宏观尺度的材料，包括纳米管、纳米线、纳米带等。

1.1.1 纳米管、纳米线、纳米带

近年来，不同材料构成的一维纳米结构不断被人们所发现并开展了大量应用研究。其中，最具代表性的有碳纳米管、氧化锌纳米带、硅纳米线及金属纳米线。

1.1.1.1 碳纳米管

碳纳米管以其独特的力学、电学、化学特性，成为全世界纳米技术的研究热点。高分辨率透射电子显微镜研究表明，碳纳米管的每层柱面都可以看作是由六角网格状碳原子层卷曲形成的无缝圆柱体。根据形成碳纳米管的二维石墨面的卷绕方式不同，碳纳米管的每层在结构上都可分为非螺旋型和螺旋型两类。碳纳米管的内径、外径、层数可以有很多变化。理想的多层碳纳米管可以看成是多个同轴圆柱组成的无缝圆管，其层数可以从两层到几十层，层间距约为 0.34nm。其外径一般为几至几十纳米，内径为 0.5 至几纳米，长度为几至几十微米，甚至几毫米[1,2]。碳纳米管的直径和长度随不同的制备方法及条件的变化而不同。根据直径和卷绕方向的不同，碳纳米管表现出金属或半导体性质。目前，还无法有效合成出

具有单一电学性质的碳纳米管。同时，大量实验研究证明实际的碳纳米管会存在多种缺陷。例如碳纳米管的横截面不总是圆形，外形有弯曲和扭结等[3,4]。

目前，碳纳米管的制备、性能表征、器件制造等方面的研究已取得了很大进展。碳纳米管作为一维材料重量轻，六边形结构完美连接，强度极高，弹性模量高，同时具有纳米级直径微米级长度，长径比可达 100~1000，以及 SP2、SP3 杂化几率不同而表现出优质的弹性。同时，理论计算和实验研究表明，一部分碳纳米管是良好的导体，而另一部分碳纳米管是半导体。日本 NEC 公司的研究人员已经证实，碳纳米管具有良好的导电性，其导电性仅取决于其几何尺寸。Dresslhaus 预言，利用这些电子特性，碳纳米管可用于记忆元件的电容或晶体管开关电路。物理学家 Broughton 认为，可以用碳纳米管制造出分子水平的线圈、活塞和泵等微型零件来组装成微形发动机或其他装置。近年来，国内外的相关研究还表明，碳纳米管可用作特殊的纳米探针，形成精细的纳米线路，制造敏感器件和执行器件，其优良的场发射特性还可用于显示器的开发等[5~7]。

1.1.1.2　纳米线

与碳纳米管不同，通过有效控制合成条件，同种纳米线结构可表现出在物理、化学、电学、光学方面性质的一致性。根据组成材料的不同，纳米线可分为不同的类型，包括金属纳米线（如：Ni、Pt、Au 等），半导体纳米线（如：InP、Si、GaN 等）和绝缘体纳米线（如：SiO_2、TiO_2 等）。

硅纳米线是一种新型的一维半导体纳米材料，线体直径一般在 10nm 左右，内晶核是单晶硅，外层有一 SiO_2 包覆层。研究证明单晶硅纳米线的直径可由催化剂纳米颗粒的直径来控制。硅纳米线由于特有的光学、电学性质如量子限制效应及库仑阻塞效应引起了科技界的广泛关注，在微电子电路中的逻辑门和计数器、场发射器件等纳米电子器件、纳米传感器及辅助合成其他纳米材料的模板中的应用研究已取得了一定的进展[8]。

1.1.1.3　纳米带

纳米带是一种单晶，横截面呈矩形，四个侧面为特定晶面的独特一维纳米结构。氧化锌是一种半导体氧化物材料，是第一种被发现存在带状一维纳米结构的材料。典型的氧化锌纳米带长度为几百微米甚至几毫米。各种不同半导体材料的纳米带结构被合成。

纳米带具有特殊的电学、热学及机械等方面的性质。其中，氧化锌纳米带原子排列造成的极化产生了压电效应。相关研究人员借助具有导电探针的原子力显微镜，实现了氧化锌纳米带压电系数的测量。

1.1.2　一维纳米材料的机电性能

碳纳米管作为被发现的第一种纳米管材料，已有大量研究者对此开展了关于碳纳米管性能的理论及实验研究。对碳纳米管的电性能理论计算表明，大约 1/3 的碳纳米管呈现金属性，另外 2/3 呈现非金属性。对碳纳米管的电学性能测量实验研究同样证明了碳纳米管既可表现为金属性也可表现为半金属性。同时，实验研究表明碳纳米管具有优异的场发射性能。另外，研究者采用透射电镜、原子力显微技术等试验方法实现了对碳纳米管的力学性能测量。实验证明，碳纳米管具有很高的强度，杨氏模量高达 1.8TPa。

纳米带的结构决定了其具有电学及机械方面的特殊性质。实验研究表明半导体纳米带的电导率随着纳米带表面的氧元素浓度增加而增加，可通过控制外界温度或氧元素浓度改变纳米带的导电性能。氧化锌纳米带由于晶体中晶格结构具有非中心对称性，采用具有导电探针的原子力显微镜测量出了氧化锌纳米带的压电系数。

一维纳米材料具有较高的长径比，优良的电学性能、力学性能，在 NEMS 传感器研究中具有广泛的应用前景。

1.2 基于一维纳米材料的 NEMS 生物传感器设计

1.2.1 NEMS 传感器系统设计

传感器由敏感元件、转换元件及辅助元件构成。基于一维纳米材料的 NEMS 传感器以一维纳米材料为敏感元件，感知被测对象信息，转化为便于测量的电信号。利用一维纳米材料优良的电学、力学性能，国内外大量研究者已成功研制了 NEMS 生物传感器、NEMS 加速度传感器、NEMS 化学传感器、NEMS 压力传感器等，这些新型传感器相对于传统传感器在某些性能上大大提高。

本书以 NEMS 生物传感器设计为例。NEMS 生物传感器检测的基本原理是被测对象与一维纳米材料表面结合后，改变了一维纳米材料的电导，从而实现被测对象的特异性检测。设计过程主要包括选择被测物检测的特定标记物，对一维纳米材料进行表面修饰；利用微电子工艺在单晶硅或多晶硅表面设计加工金属电极，与一维纳米材料构成场效应晶体管结构见图 1-1，采集一维纳米材料的电导变化值；搭建信号调理电路对被测电信号进行后处理。

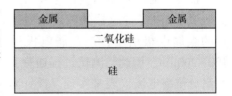

图 1-1　NEMS 生物传感器
场效应晶体管结构示意图

一维纳米材料的特定标记物修饰通常是针对标记物与化学生物基团的结合性，对其进行一系列化学处理。

一维纳米材料与金属电极场效应晶体管结构的加工方法主要分为两种：一种是将生长好的一维纳米材料通过组装工艺实现与金属电极的场效应晶体管结构；

另一种是在已加工好的金属电极上固定催化剂，直接生长一维纳米材料。

传感器的信号调理电路采用微电子电路或传统电子电路进行信号滤波、放大、调制等最终实现信号的实时显示。

1.2.2　传感器加工工艺

根据一维纳米材料 NEMS 传感器的基本构成，传感器的加工工艺设计主要包括一维纳米材料的选择、制备和表面修饰，一维纳米材料与电极电路组装方法设计，以及基于硅微机械工艺的电极电路加工工艺流程设计。随着对一维纳米材料研究的深入，碳纳米管、纳米线、纳米带等典型一维纳米材料的性能、制备工艺以及表面修饰方法的研究已取得了大量成果，为成功研制一维纳米材料 NEMS 传感器提供了有力支撑。金属电极及电子电路用来采集一维纳米材料的信号变化，其加工工艺通常基于硅微机械加工工艺，常用的加工工艺有光刻、蒸镀、溅射、腐蚀等。

1.2.3　传感器测试方案

1.2.3.1　扫描电镜测试

NEMS 传感器的关键尺寸为纳米量级，且集成度高，研制过程中器件的结构、纳米材料的修饰成功与否、器件使用前后比对等均可采用高分辨率的扫描电子显微镜进行观测和分析。扫描电子显微镜能够直接观察样品的表面和三维结构，并进行原位成分分析。通过多种电子信号特征和 X 射线谱可以得到纳米材料的形貌和物理、化学等多种信息。扫描电镜利用扫描电子束从样品表面激发出各种物理信号来调制成像，其放大倍数可以从数十倍原位放大到数十万倍，乃至上百万倍。

1.2.3.2　器件的电特性测试

器件研制过程中自身的电特性需要进行多次测试。NEMS 传感器的输出信号通过硅基底上的金属电极引出，该金属电极尺寸通常为 $100 \sim 200 \mu m$。因此，测试过程通常采用探针台和高分辨率电流仪表来实现。探针台见图 1-2，由三自由度可调节的载物台、探针定位器、探针、显微镜等构成。通过调节探针定位器，使探针与器件的金属电极可靠接触，由探针引线将器件输出的电导或电流信号引出，利用高分辨率电流仪表进行实时测量。

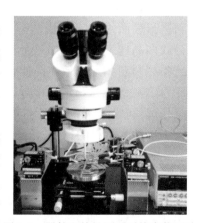

图 1-2　器件电特性测试系统实物照片

1.2.3.3 生物检测实验

NEMS 传感器在检测生物浓度、种类等方面表现出较高的灵敏度，但器件输出的电信号比较微弱，输出电流通常在微安量级或纳安量级，容易被噪声淹没。在对被测对象进行检测实验中，采用锁相放大器和前置放大器可将被测信号有效放大，使高频噪声信号衰减。

器件检测原理是被测对象与一维纳米材料表面特定修饰基团结合改变了电导，从而引起输出电信号随被测对象浓度变化而变化。一次检测过程结束后，必须对器件的敏感元件进行生物清洗，去除被测对象残留，以保证下一次测试的准确度。为了保证清洗效果，可采用微流体通道，将清洗液局限在器件的敏感元件区域反复冲洗。

目前，微流体通道比较常见的是采用 PDMS 加工研制。PDMS 是一种光刻胶。通过在甩胶台上甩胶、高温烘干、光刻显影等过程实现。微流体通道的最小尺寸由光刻机最小精度和显影技术决定。

2 基于一维纳米材料的 NEMS 传感器研究进展

一维纳米材料与微结构结合的纳器件制造过程中有可能突破常规器件的性能极限，并将实现超微型化和高功能密度化。以"Top-Down"为主要制造方式，结合"Bottom-Up"方式，可制造出纳机电传感器、纳机电执行器等。目前国内外基于纳米管/纳米线的器件研究包括电子器件[9~12]、光电器件[13~15]、力学传感器[16~18]、生化传感器[19~21]以及场发射器件[22~26]等。采用单根的或规律排布的碳纳米管可实现多种纳尺度结构，利用其独特的物理化学特性将得到高性能的纳米器件。定向定位排布组装一维纳米材料如纳米管、纳米线、纳米棒等，并在一维纳米材料阵列结构上施布引线，将是实现纳米器件的基础。

目前，基于一维纳米材料的器件制造方法主要分为两类。一类是在基板上图形化催化剂实现一维纳米材料的原位定向生长；另一类是将生长好的一维纳米材料，通过纯化、分散等处理后，利用机、电、液等外力驱动作用在基底上实现排布组装。

2.1 碳纳米管原位生长

目前，碳纳米管的生长方法主要包括化学气相沉积（CVD）、激光烧蚀和电弧放电等。直接生长定向定位的碳纳米管通常是通过图形化催化剂的方法来实现[25]，见图 2-1。其中，催化剂的图形化由微制造工艺的光刻加工完成。

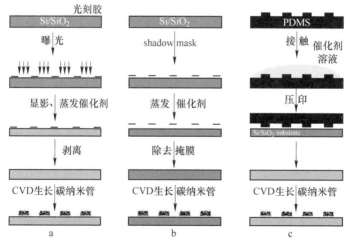

图 2-1 选择性生长纳米碳管的催化剂图形加工技术[25]

a—标准光刻；b—掩膜版显影；c—软光刻

Yu W. J 等人通过在硅基板上采用 CVD 法选择性垂直生长碳纳米管制造了碳管场发射器，碳纳米管束在催化剂表面垂直有序生长[27]。图 2-2 显示，在生长有碳纳米管的硅基板上甩胶，碳纳米管被固定在基板上，然后用化学机械抛光（CMP）得到高度一致的纳米碳管阵列实现了碳管的场发射器件。Tu Y 等人以图形化的镍纳米颗粒为催化剂，化学气相沉积生长碳纳米管垂直阵列，碳纳米管的密度可控在每平方厘米 $10^5 \sim 10^8$。图 2-3 显示，该阵列可用于碳纳米管的场发射研究和作为纳米电极阵列[28]。除了在基板上垂直生长碳纳米管阵列外，Alexander 和 L. Marty 等人通过图形化催化剂，实现了碳纳米管在基板上的水平生长[29~30]，见图 2-4 和图 2-5。L. Marty 等人通过在四电极上生长单壁碳纳米管，制造了碳纳米管的场效应三极管。

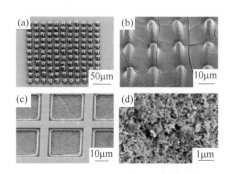

图 2-2　碳纳米管生长后加工场发射器件[27]

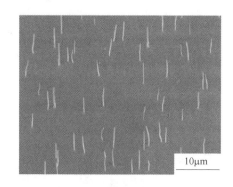

图 2-3　竖直方向排列的碳纳米管阵列[28]

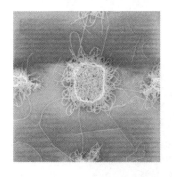

图 2-4　催化剂堆生长的碳管 SEM 图片[29]

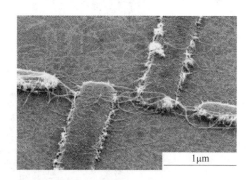

图 2-5　四电极上催化剂生长碳管 SEM 图片[30]

Joselevich 等人提出一种定向生长碳纳米管的新方法[31]。首先，图形化催化剂纳米颗粒。然后，在生长过程中施加一个平行于基板的局部电场，以此控制碳管沿着电场方向生长。基板为具有对电极的二氧化硅，碳纳米管在电场中极化，受电场力作用，平行于电场方向排列生长，见图 2-6。

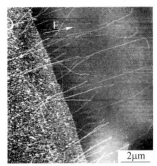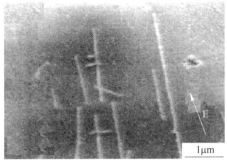

图 2-6 基板表面与电场方向平行生长的单壁纳米碳管的 AFM 图片[31]

此外，Coskun Kocabas 等人利用具有特定晶向的基底，在 CVD 生长碳纳米管的过程中使碳纳米管方向性排列[32]。所选基底为在 900℃温度下，退火 8h 的 ST 切割石英。通过光刻工艺，实现在基底上的铁蛋白催化剂图形，并在 900℃ 高温下 10min 氧化催化剂。冷却至室温后，在氢环境下 900℃时，甲烷或氢气流引导碳纳米管生长。高密度排列生长的单壁碳纳米管阵列见图 2-7 和图 2-8。

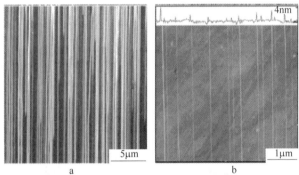

图 2-7 基底上碳管的 SEM 和 AFM 照片[32]

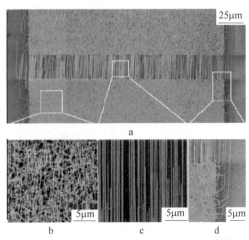

图 2-8 电极隧道间生长单壁碳纳米管[32]

图形化催化剂直接生长法不需后处理。但是，要实现一根一根碳纳米管等一维纳米材料沿着基底的定向生长，还有很多困难。而且，直接生长的 CNT 有金属性、半导体性等不同性质，含有缺陷、杂质，影响器件的性能。同时，生长过程中的高温要求与微电子制造工艺很难兼容。

2.2 碳纳米管生长后组装

碳纳米管生长后组装方法的灵活性使其更广泛地应用到纳器件的制造过程中。近年来，将生长好、分散处理后的纳米管通过外界作用力在基底上实现定向排布的方法受到了极大的关注，被认为是实现纳米器件有效的方法。其排布组装方式有流体排布、电场辅助沉积、化学选择性沉积、磁场驱动或用 AFM 直接操作等多种，或者将某几种方式结合。这种排布组装方法在排布前可对纳米碳管等纳米结构进行纯化处理，大大减少了其自身存在的缺陷和杂质。

以电泳或介电电泳原理为基础的电场辅助沉积碳纳米管方法的研究较为广泛[33~36]。Wakaya 等人在图形化的电极上施加直流电压来排布碳管[37]。碳管悬浮液采用异丙醇作溶剂超声分散，Ti/Au 金属电极通过电子束刻蚀工艺制造，基底为二氧化硅。在基片上滴加碳管悬浮液，温度控制在 5~50℃。电极上施加直流电压进行电泳，发现当电极间隙小于 $3\mu m$、温度在 50℃ 时，电泳沉积碳管的数量随电压大小变化。图 2-9 显示，10V 直流电压电泳后电极间堆积大量碳管，而 1V 电泳形成了单根碳管在针状电极间的搭接。

Hee-Won Seo 等人采用交流电泳实现了单壁碳纳米管束的方向性和选择性的组装，并分析了所施加电场大小和方式对碳管组装的影响[38]。图 2-10 显示，相同频率下，随着交流电泳电压幅值增加，碳管的密度增大。与直流电泳相比，交流能更有效地将纳米管溶液中的纳米管和碳污染物分隔开，选择性的排布纳米管。

直流或交流的电泳均可实现电极上的碳纳米管组装。在此基础上，Chung 等提出通过施加带有直流偏置的交流信号，单根多壁碳管可在微米尺度间隙的电极上实现定向沉积[39]。指出利用交直流复合电场的强度吸引和排布碳管到电极间隙上。见图 2-11。当第一根碳管沉积后，电极间隙间的直流电场成分由于电路中的大电阻被削弱，仅有交流成分不能足够强的去迅速吸引更多的碳管到电极间隙。通过调整交直流成分的强度可防止碳管的进一步沉积。碳管沉积条件经验上为控制直流与交流的比率是总的电场有效值为 0.544VRMS/mm。而其他的杂质颗粒由于不能及时响应交流电场而不会在碳管沉积之前被吸引到电极间隙。在进一步研究中，研究人员进行了多壁碳管在交直流复合场中沉积的交流直流比率的参数化研究。研究人员指出：频率为 5MHz 的交流主要实现选择性吸引而直流电场引导单根沉积。Lu 等以频率 5MHz，电压 20Vpp 交流和 1.5V 直流进行电泳组装，实现了在沟槽深度为 70nm 且间隙 $5\mu m$ 的电极间沉积单根碳纳米管[40]。

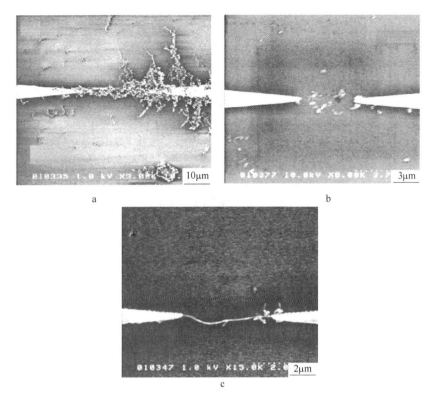

图 2-9   电极间隙小于 3μm、施加电压分别为 10V（a）、2.5V（b）、1V（c）沉积的碳管[37]

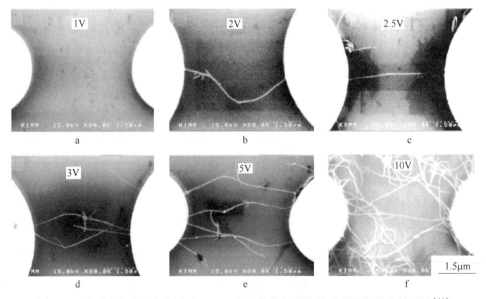

图 2-10   在对电极上施加频率为 5MHz 交流信号沉积的单壁碳管扫描电镜照片[38]

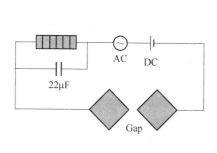
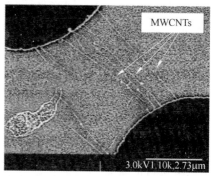

图 2-11 交直流复合电场在电极间沉积的碳管扫描电镜照片[40]

电场作为驱动碳纳米管组装的外力之一，沉积碳纳米管的过程简单，条件参数易于控制。流体驱动组装是应用较多的另一种方式。

哈佛大学的段镶锋、黄昱等人将流体组装技术与表面模板技术结合在一起成功地将一维纳米材料组装成平行阵列[41]。他们的研究文章于 2001 年在 Science 中发表。在文章中，他们首先在 PDMS 高分子模板上刻制出孔道形状，再将其倒扣在平整的基底上形成隧道结构，将分散了 GaP、InP、Si 纳米线的溶液在通道中流过，由于模板的空间限制效应可实现对纳米线的排列组装，最后除去高分子模板获得平行排布的纳米线阵列。其原理图见图 2-12。流体单方向或多方向多次流动完成纳米线的多种组装形式。结合流体排布与表面图形化技术，将纳米线可控组装为平行阵列或复杂的交叉纳米线网络见图 2-13。

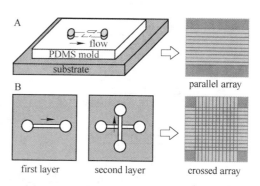

图 2-12 流体组装的流体隧道结构图[41]

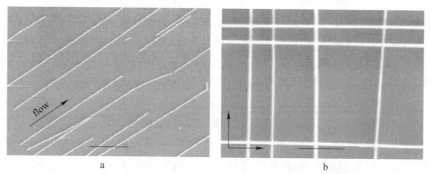

图 2-13 隧道流体排布和多层组装的 InP 纳米线阵列扫描电镜照片[41]

　　隧道流体组装纳米线方向一致性和可控性好，但工艺较复杂。Liu. Jie 等人采用化学修饰的纳米光刻基板可靠的定向定位沉积单根单壁纳米碳管[42]。在二氧化硅基板上，电子束光刻 10~50nm 线宽的线条，并通过化学修饰在线条内外接上亲疏水性质的基团。浸泡基片在单壁碳管的溶液中一段时间取出后即形成了在基板上定位组装，见图 2-14。在图形化的基底上，K. H. Choi 等人采用表面化学修饰的方法可控沉积排布碳纳米管[43]。首先，在二氧化硅基底上淀积 100nm 厚的 PMMA 掩膜；其次，进行电子束光刻图形化形成沟槽，然后对沟槽内的二氧化硅表面进行修饰，形成一层单分子层。将其放在纳米管溶液中静止一段时间，分散处理过的碳管会依靠化学键的作用沉积在二氧化硅基底上，最后去掉 PMMA 掩膜。在 25~48h 的沉积时间内，纳米管的数量随着时间的增加而增加，当超过 48h，沉积管的密度不会有明显的改善。研究文章中指出纳米管越长，越粗越直，沟槽宽度越小，排布效果较好。

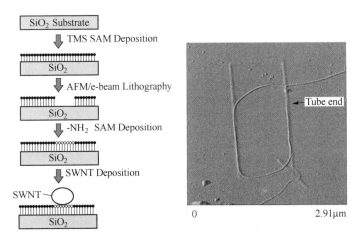

图 2-14　化学修饰后的光刻图形化模板上的单壁碳管
可控沉积原理图及组装的单根单壁碳管的 AFM 图片[42]

　　Hyunhyub Ko 等人提出一种将表面化学处理和流体排布结合的组装方法[44]。采用聚乙烯二甲基硅氧烷（PDMS）在硅基底上压印，形成条纹间隔的 OTS 自组装单分子层，再将该样品浸入 APTS 溶液中，在 OTS 条纹之间的间隔内自组装氨基单分子层。将带有图形化基团的基板浸泡在碳纳米管溶液中 24h，取出后浸入去离子水中，随后竖直地取出样品并干燥。在流体从基板表面褪去和化学键作用下，大量碳纳米管沉积在图形化的硅基底上的亲水基团区域内。图 2-15 和图 2-16 分别为组装原理示意图和碳纳米管分布的原子力显微镜图像。

　　Huijun Xin 和 Adam T. Woolley 提出了气体流动定向排布单壁碳纳米管的方法[45]。他们将配置好的碳纳米管悬浮液滴在化学处理后的硅片上，硅片与水平面成 20°倾斜角。然后流过线性速度为 6~9m/s 的氩气 10min，实现碳纳米管定向

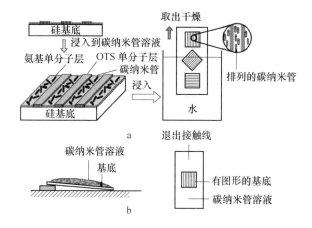

图 2-15   碳管组装的过程示意图[44]

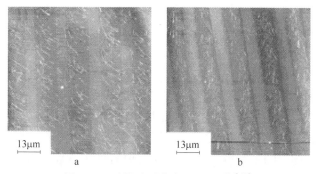

图 2-16   碳管阵列分布 AFM 图像[44]

可控排布。碳纳米管在基片上分布的 AFM 图像见图 2-17，74%的碳管与气体方向角度偏差在 ±5°。这种方法简单易行，并能实现大面积的碳管定向排布。

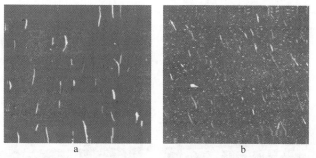

图 2-17   基底上排布的单壁碳管 AFM 图片[45]

Andrea Tao 等人采用 Langmuir-Blodgett （LB） 方法定向排列大批量银纳米线[46]。LB 组装方法组装纳米线的过程见图 2-18，其中银纳米线直径 50nm、长

度 2~3μm。LB 技术是一种人为控制特殊吸附的
方法，将具有脂肪链疏水基团的双亲分子溶于挥
发性溶剂中，通过全控制表面压，溶质分子便在
气/液界面形成二维排列有序的单分子膜，即
Langmuir 膜。用膜天平将不溶物单分子膜转移到
固体基板上，组建成单分子或多分子膜，即 Lang-
muir - Blodgett 膜[47]。应用该 LB 技术，浮在溶液
表面的无序银纳米线在两端被挤压后，形成与挤
压方向垂直的排列，见图 2-19。

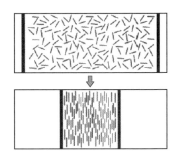

图 2-18　LB 方法组装
纳米线的过程[46]

　　应用薄膜转移技术，上海交通大学微纳米科学技术研究所的刘丽月、赵猛等
人提出可控排布碳纳米管的方法[48]。将碳管溶液滴在水溶液表面，氯仿等有机
溶剂挥发完全后，在表面张力的操纵下，碳纳米管在液面分散形成均匀的单分子
层；对其进行压缩并完成分子振动取向后，单分子层形成紧密、有序排列；随后
利用一定的设备，通过精确控制，将单分子层原样转移到经预处理的固体基底表
面，形成碳纳米管的均匀排布结构层。控制膜压，重复转移过程，可形成多层
排布。

　　由于碳管的磁化特性会在磁场中被引导排列，在强磁场中，碳管将与磁场的
方向平行。Walters 等人制成了第一个由高度排列的单壁碳管薄膜构成的宏观实
体[49]。通过将单壁碳管悬浮液至于强磁场中，将碳管排列并过滤悬浮液形成单
壁管平行磁场排列的薄膜。将 13mL 的碳管悬浮液放置在试管中，处于磁场强度
为 19T 中，90%的碳纳米管沿磁场轴向方向轴向排布，且偏差角度在 17±1(°)。
见图 2-20。

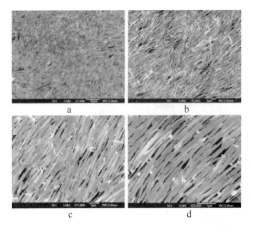

图 2-19　银纳米线排列的扫描电镜照片[47]

图 2-20　排列的单壁碳管从样品中
卷曲呈带状的扫描电镜照片[49]

纳米操纵或在纳米尺度上的定向控制是能将"从上至下"、"从下至上"纳米制造结合的技术。Avouris 等人提出原子力显微镜（AFM）是可任意操纵单根纳米碳管的工具，并在基板上实现了单根碳管位置和形状的操作[50]。碳管与基板之间的相互作用表明利用原子力显微镜的针尖可准确将碳管定位在电极上。Roschier 等人同样实现了 AFM 操纵半导体性多壁碳管到二氧化硅表面的金属电极上[51]。见图 2-21、图 2-22。

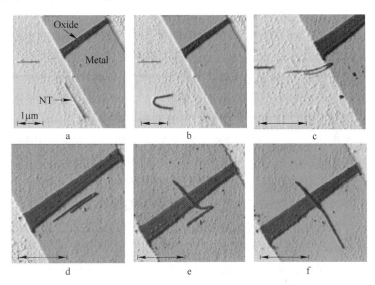

图 2-21　单根多壁碳管在电极上的 AFM 操纵[50]

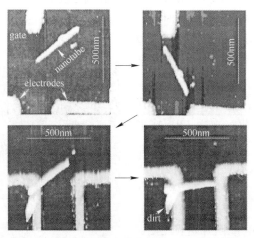

图 2-22　移动操纵碳纳米管的 AFM 图片[51]

总体上来说，目前一维纳米材料的定向定位排布组装尚处于摸索阶段。虽然，已提出了一些利用流体、电/磁场等进行排布组装的方法，但还是难以实现在特定位置单根或少数几根一维纳米材料的定位定向排布组装；利用 AFM 可以实现单根操作，但不适合于用于生产制作。

2.3　碳纳米管的多层结构制造

近年来，自组装技术、自组装材料的研究受到广泛重视。所谓自组装是指分子及纳米颗粒等结构单元在平衡条件下，通过非共价键作用自发地缔结成热力学上稳定的、结构上确定的、性能上特殊的聚集体的过程[53]。自组装是自然界中普遍存在的现象。DNA 的合成，RNA 的转录、调控及蛋白质的合成，与折叠这样的生物化学过程都是自组装的过程。自组装的最大特点是自组装过程一旦开始，将自动进行到某个预期的终点，分子等结构单元将自动排列成有序的图形。基于自组装机制的纳米复合薄膜的研究是自组装技术研究的重要部分，以纳米复合薄膜组装技术研制光学薄膜、传感器等具有重要意义。

Deeher 等人[53,54]提出了一种新的纳米复合薄膜制备技术。由于形成薄膜的驱动力是带相反电荷的组分之间的静电引力，因此这种技术被称为静电自组装薄膜技术（Eleetrostatioself-Assembly ESA）。通常将基片交替浸入带相反电荷的聚电解质溶液中，静置一定时间后，取出冲洗干净，循环以上过程即可获得自组装多层膜，该过程即为层层组装过程（LBL）。组装中冲洗的目的是去除黏附的聚离子和小分子电解质离子。这种制备过程所得 LBL 膜中分子的有序度不如 LB 膜高，但制备过程简单，无需复杂的仪器设备；成膜性受基底大小和形状的影响很小，厚度可控；成膜材料丰富；以及制备所得膜具有良好的强度和化学稳定性等优点。聚电解质自组装中制膜溶液的 pH 值和离子强度对所得膜的分离性能影响极大。当溶液中的离子强度增大时，聚电解质分子链将由舒展线形链转变成收缩的球状线团，从而影响自组装膜层的厚度、表面粗糙度及总的膜厚度等。

LBL 技术即带不同极性电荷的聚合物或颗粒在静电力的作用下相互交替沉积叠加形成多层结构。碳纳米管酸化处理后带负电荷，采用 LBL 技术可制造碳纳米管多层结构。Xu Wang 等人[55]用单壁碳纳米管与聚合物 POV 在对电极表面制造了多层的结构，其中金电极表面以 4—氨基硫酚修饰带正电荷。薄膜的扫描电镜照片见图 2-23。图 2-24 为薄膜层数与对电极间电流的关系，随着层数增加电流也增加。同

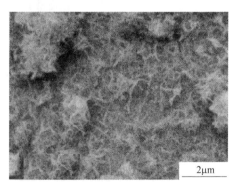

$2\mu m$

图 2-23　单壁碳管–POV 聚合物
薄膜表面 SEM 图片[55]

时，对多层结构的电化学特性进行了研究，指出多层薄膜在电解液中有很好的稳

定性。

X. B. Yan 等人在文献中提到由多壁碳纳米管和葡萄糖氧化酶通过 LBL 技术制造透明柔性的生物传感器[56]。首先，在聚合物 PET 基底上沉积 Ti/Au 层，并在 Au 表面通过 2.0mm 的 3-巯基-1-丙烷磺酸钠（MPS）浸泡修饰，形成 MPS/Au/Ti/PET 负电荷基底。然后，将基底多次交替在带正电荷的邻苯二甲酸二乙酸二醇二丙烯酸酯（PDDA）和多壁碳纳米管溶液中浸泡，制备 [MWNT/PDDA]$_3$/MPS/Au/Ti/PET 基底，见图 2-25。最后将带负电荷的葡萄糖氧化酶与 PDDA 在基底上交替沉积，制成生物传感器的敏感结构，见图 2-26。X. B. Yan 等人在文献中指出该生物传感器的灵敏度高、检测范围宽且生物检测响应迅速。

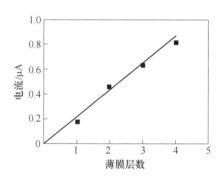

图 2-24　薄膜层数与电流强度关系[55]

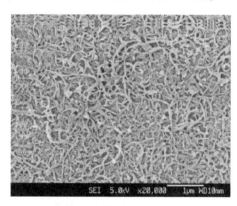

图 2-25　[MWNT/PDDA]$_3$表面 SEM 照片[56]

应用 LBL 技术制造碳纳米管与聚电解质的多层薄膜，Kenneth J Loh 等人开发了测量应力和腐蚀进程的多功能材料[57]。将碳纳米管与带负电荷的聚苯乙烯磺酸钠盐混合分散配置溶液，与 PVA 溶液交替浸泡基片，形成的多层薄膜 SEM 照片分别见图 2-27。并对该薄膜进行了应力、光、热和酸碱度的敏感检测。

图 2-26　柔性生物传感器照片[56]

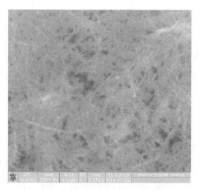

图 2-27　[SWNT-PSS/PVA]$_{50}$
上表面 SEM 照片[57]

Wei Xue 等人应用 LBL 技术制造了以单壁碳纳米管薄膜为半导体材料，二氧化硅纳米颗粒为栅电极材料的薄膜晶体管[58]，见图 2-28。指出该薄膜晶体管制造成本低，是一种具有高迁移率和跨导的微米/纳米结构。

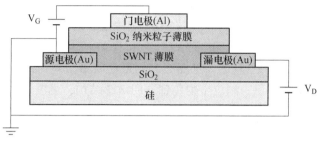

图 2-28　纳米自组装与微光刻工艺结合制造的薄膜晶体管结构图[58]

综上所述，国外研究者利用碳纳米管自身的优良特性，结合 LBL 纳米自组装技术对碳纳米管薄膜的多层结构进行了广泛研究，并对其敏感特性和电子器件性能进行了测试，取得了很大进展。其中，碳纳米管以薄膜的形式存在，是无序的结构。通过对碳纳米管的有序排列是否能够进一步提高器件性能值得进一步研究，探索如何制造碳纳米管有序排列的纵向多层薄膜是首要的任务。

2.4　NEMS 器件的电学特性研究进展

在碳纳米管用于器件的制造中，引线和接触的研究是必要的。目前，国内外研究者关于引线接触的研究主要包含 3 个方面：通过第一性原理对碳纳米管与金属电极接触进行理论计算；选择不同的金属电极进行接触实验研究；后处理方式对接触进行改善。

通常理论研究碳纳米管与金属接触的电传输特性是基于碳纳米管与金属的界面不受两者相互作用干扰的假设，是理想化的界面。实际上，金属与碳纳米管接触对碳纳米管本身的电传输特性将产生两方面的影响。一方面，金属接触作用会转变和扩宽碳纳米管的能级，改变其能带分布；另一方面，不同功函数的金属与碳纳米管接触形成肖特基接触或欧姆接触[59]。Tiezhu Meng 等人利用第一原理对 Ti 与半导体碳纳米管的接触电结构进行了研究[60]。半导体单壁碳纳米管置于钛表面和铝表面。发现置于钛表面时，交叉部分明显扭曲且形成了碳和钛之间很强的化学键。碳纳米管变成金属性，电子能从碳管到 Ti 无静电势垒的被传输，见图 2-29。虽然铝和钛具有相近的功函数，但结果却不相同。

Yuki Matsuda 等人基于第一原理的量子机械密度函数和格林矩阵函数对五种金属与碳纳米管的接触结构、伏安特性和接触电阻进行了理论分析[61]。认为钛与碳纳米管具有最低的接触电阻，其次依次为钯、铂、铜、金，见图 2-30。钛与半导体性或金属性的碳纳米管均形成欧姆接触，但接触处的纳米管会扭曲变形。

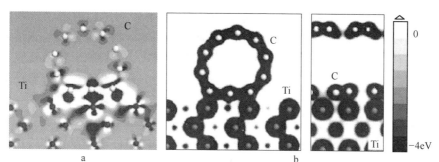

图 2-29 钛碳形成强化学键连接（a）和碳纳米管置于
金属表面的交叉部分的自适应静电势计算轮廓曲线（b）[60]

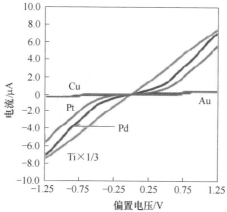

图 2-30 基于金属与石墨模型计算的五种金属与碳纳米管接触伏安曲线[61]

Maiti, A. 等人通过仿真计算，从金属原子、位面等对金属与碳纳米管之间的润湿作用进行了研究[62]。对于金属电子束溅射在单壁碳纳米管表面，钛、镍、钯形成连续的或准连续的包覆，而金、铝和铁在碳纳米管表面形成离散的颗粒。由于计算结果中钛与碳纳米管的键合能较低，因此虽然具有较好的润湿性，较少形成好的接触。如图 2-31 所示，当单壁碳纳米管沉积在金属表面时，碳纳米管与金形成弱的物理吸附，而在金属铂和钯的表面，金属黏附碳原子经历了 sp^2 轨道到 sp^3 的跃迁，碳管变形从而形成较好接触。

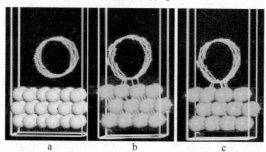

图 2-31 （8，0）单壁碳管在金（100）（a）、铂（111）（b）、钯（111）（c）表面[62]

因为理论计算建立在一定假设基础上，且不同的碳纳米管由于生长条件不同，其特性和参数也有所不同。所以国内外研究者从实验角度对金属与碳纳米管的接触也进行了研究。由 Tans 和 Martel 等人研究的第一个碳纳米管场效应三极管中，纳米管被放置在金或铂电极上，依靠弱范德华力使其相互接触，器件呈现很高的寄生电阻（>1MΩ）。Y Nosho 等人基于碳纳米管场效应三极管，研究电导特性与金属功函数的关系[63]。电导类型与漏极电流依赖于功函数，与 Ti 和 Pd 作为接触电极表现 P 型导电行为相比，Mg 接触电极的器件体现双极性特点，而 Ca 接触电极的器件体现 N 型导电。这表明金属与碳纳米管接触的势垒高度取决于接触金属的功函数。

Harish M. Manohara 等人证明了半导体性单壁碳纳米管与钛电极形成肖特基接触，与铂形成欧姆接触，并利用这种不同金属接触特性制成二极管结构，见图 2-32[64]。Chenguang Lu 等人也同样通过不同金属与碳纳米管的对称接触制造了肖特基二极管，其中一端为与碳纳米管形成低接触电阻的金电极，另一端为形成肖特基势垒的铝或钛电极[65]。Javey 等人发现钯在 P 型器件中与碳管形成了低电阻接触[66]。文献中推测钯相对于其

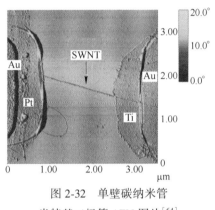

图 2-32 单壁碳纳米管
肖特基二极管 AFM 图片[64]

他金属而言可改善碳管表面的可湿性和相对于碳管能带的适当费米能级分布。对于半导体性碳管的价带（直径大于 2μm），具有高功函数的钯接触可获得零或微小的负肖特基势垒。

碳纳米管与金属接触的接触电阻往往通过四探针法进行测量。对于对电极上搭接碳纳米管的结构，其接触电阻难以提取出来。Lifeng Dong 等人测量了碳纳米管与 Pt 接触的总电阻为 826kΩ[67]，与金接触的电阻范围在 20MΩ～2.5GΩ[68]。直径 40～80nm 的单壁碳纳米管束与金接触，其电阻范围从 0.4～1MΩ[69]。Yunsung Woo 等人测得单壁碳管束与 Pd 接触的总电阻范围在 0.3～3.35 MΩ[70]。

由 Tans[71] 和 Martel[72] 等人研究制造的碳纳米管场效应晶体管最初是将半导体单壁碳纳米管沉积在金或铂三电极上，依靠范德华力接触，见图 2-33。Soh[73] 和 Martel[74] 等人进一步改进碳管场效应三极管结构，在碳管的表面利用电子束光刻图形化一层电极，见图 2-34。除了采用金、钛、钴等金属外，还通过热退火来改善金属碳管的接触性。采用钛金属改善接触性时，加热过程导致在金属和碳纳米管界面形成碳化钛，接触电阻从 MΩ 量级大大减小到约 30kΩ。

Jingqi Li 等人将单壁碳纳米管电泳沉积在金电极上的结构置于逐步升温到

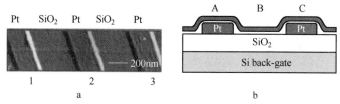

图 2-33 碳管沉积在金属电极上形成 CNT-FET 结构[71]

300℃的环境中，完成高温退火后，电接触由肖特基接触转变为欧姆接触[75]。分析其原因：肖特基势垒由金与碳管的功函数差决定，气体在单壁碳管的物理吸附对碳管功函数影响可忽略，但 300℃下氧化化学吸附将导致势垒的减少，以致改变了电接触类型。

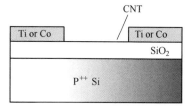

图 2-34 在碳管上沉积金属电极改善的 CNT-FET 结构[74]

Yunsung Woo 和 Lifeng Dong 等人通过对单根碳纳米管与钯电极结构用电流产生的焦耳热进行局部退火，在不破坏场效应晶体管结构时形成了较低的接触电阻[76,77]。图 2-35 为瞬时局部退火示意图和等效电路。单壁碳纳米管通过电泳沉积在金属钯电极上，施加微秒级的脉冲电流后，由于消除了单壁碳管与电极间的隧道势垒，通过源漏电极间碳纳米管的电流急剧增加。瞬时脉冲电流在电极与碳纳米管间产生焦耳热，完成局部热退火过程，碳纳米管搭接电极的 AFM 图像和不同条件脉冲局部退火后的 V-I 曲线见图 2-36。他们还在研究文献中指出，局部退火对金属性的单壁碳纳米管与金属接触起到改善作用，但不会减少半导体性碳管与金属的肖特基势垒。

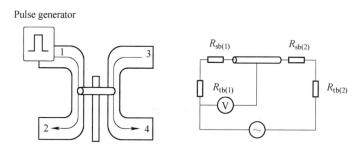

图 2-35 瞬时电脉冲局部退火示意图[77]

一种超声纳米焊接方法用于碳纳米管与金属的接触改善，Changxin Chen 等人提出利用一定频率的超声振动将单壁碳纳米管可靠键合到金属电极上[78]。对超声焊接头施加一定大小的力对碳管与金属进行挤压，同时在焊接头上连接频率

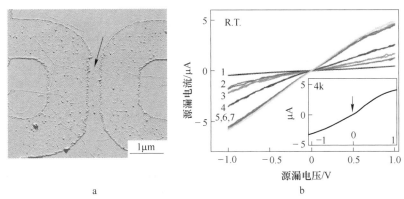

图 2-36　单壁碳管在钯对电极间的 AFM 图片（a）

和不同条件脉冲局部退火后的 V-I 曲线（b）[77]

60kHz 的超声振动，焊接过程在室温下持续 0.2s，见图 2-37。通过这种技术，碳管与金属形成了稳定的较小的欧姆接触。

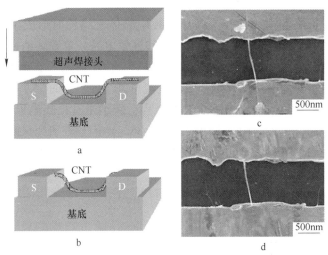

图 2-37　超声纳米焊接过程示意图（a、b）和

超声焊接前后单根单壁碳纳米管与钛电极接触状态的 SEM 照片（c、d）[78]

若在碳纳米管表面包覆一层导电性好的金属，形成金属或超导纳米线，将有可能实现碳纳米管与金属的低电阻接触。据报道，有人利用 Ti 和 Ni 已经获得了这种低电阻接触[79~81]。另外，Derek W. Austin 等人[82]通过在碳纳米管与电极接触处电镀沉积金来减小接触电阻，且不改变碳纳米管的半导体特性，见图 2-38 和图 2-39。电镀的过程是将直流电流的正负极分别连接到镀槽的阴阳极上，当直流电通过两电极及两极间含金属离子的电解液时，电镀液中的阴阳离子由于受到电场作用，发生迁移，金属离子在阴极上还原沉积成镀层。在接触处电镀金包覆

后，单壁碳纳米管与电极间的接触电阻明显减小。

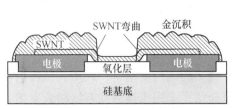

图 2-38 单壁碳纳米管与
电极间电镀金属结构示意图[82]

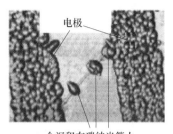

图 2-39 单根碳管上电镀沉积金[82]

另外，一些研究者通过对碳纳米管进行掺杂等其他后处理方法[83~85]来改善碳管与金属的接触。总的来说，碳纳米管与金属电极之间的接触改善的后处理方法在一定程度上减小了接触电阻，改善了接触。

2.5 基于一维纳米材料 NEMS 器件制备方法的研究意义

通过研究利用 Top-to-Down 的微纳加工与 Bottom-to-Up 的自组装结合的方法，实现碳纳米管在基底特定位置的定位定向排布组装，并探索对排布好的碳纳米管施布电极引线的方法，为利用碳纳米管等一维纳米材料与硅微制造工艺结合，实现 NENS 传感器、纳米电子器件等纳米器件奠定了基础。

3 面向 NEMS 器件的一维纳米结构流体组装

采用单根的或规律排布的碳纳米管可实现多种纳尺度结构，利用其独特的物理化学特性将得到高性能的纳米器件。本章介绍了采用流体驱动方法组装碳纳米管等一维纳米材料的实验思想，搭建了实验装置，以理论仿真计算结果为指导，通过实验研究和排列评价优化条件参数，实现方向性排列。

3.1 碳纳米管悬浮液的配制

碳纳米管原材料呈粉末状，包含有催化剂颗粒和碳颗粒等杂质，同时碳纳米管由于其大比表面积而极易相互团聚，无法直接使用。通过配制碳纳米管悬浮液可以分散团聚的碳纳米管，得到单根碳纳米管的同时除去原材料中的杂质，以备后续组装使用。

本研究中所采用的多壁碳纳米管为催化裂解法制备，由清华大学化学工程系魏飞教授提供，材料直径为 $10 \sim 30nm$、长度为 $5 \sim 30\mu m$。为了得到分散均匀的碳纳米管悬浮液，碳纳米管需经过酸化处理。其酸化处理过程包括：将多壁碳纳米管原材料混入体积比为 3∶1 的浓硫酸/浓硝酸混合液中温度保持 140°C 下 30min。碳纳米管在酸化的过程中接上羧基基团，同时原始材料中的碳颗粒，催化剂等杂质也被氧化除去。然后加入去离子水使碳管的酸溶液分层，静置一段时间，倒掉上层的酸溶液，反复操作。最后将余下的碳管溶液进行过滤，可得到纯度达 95% 的碳管。由于浓硝酸的强氧化性以及浓硫酸的强脱水性，在对碳纳米管进行混酸处理的过程中引入官能团，从而使碳纳米管表面带负电荷，利于碳纳米管在溶剂中的分散。其具体过程为：酸分解出的自由氧与水形成自由的-OH，并与碳纳米管管壁上五元环/七元环上的大 π 键及其表面的悬键相连，形成羟基（-OH）官能团；碳纳米管开口处以及缺陷处存在具有两个不饱和键的碳原子，与自由氧相连形成羰基（>C=O）官能团，也存在具有 3 个不饱和键的碳原子，形成羧基（-COOH）官能团；羰基也会与水中 H^+、OH^- 以及自由氧等结合形成羧基以及（-C-OH）官能团。

将处理后的碳管与分散溶剂按一定比例混合超声分散 30min 以上，可得到分散好且杂质颗粒少的悬浮液。图 3-1a 为未经酸化处理的碳管扫描电镜（SEM）照片，图 3-16 为酸化处理后的碳管 SEM 图片，其中碳管被分散成单根，基本无颗粒杂质。在 SEM 下测量，超声分散后的碳管长度尺寸比原材料小，这是由于分散过程中所采用的超声振动使碳管在其缺陷处被截断。超声功率越大，时间越长，碳纳米管更易被截短。

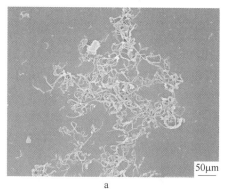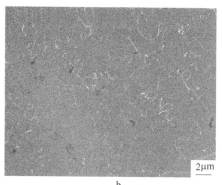

图 3-1　多壁碳纳米管未经酸化处理的分散（a）和酸化处理后的分散（b）

悬浮液的分散均匀性和稳定性，与所选溶剂有关。选用去离子水，无水乙醇及二甲基甲酰胺（Dimethylformamide，DMF）分别作为分散溶剂，与酸化处理后的碳纳米管混合，采用功率为 400W 的超声仪器，超声时间 120min，配制浓度为5mg/mL 的碳纳米管悬浮液。图 3-2 显示，悬浮液均呈浅黑色，且容器底部无沉淀颗粒。静置四天后观察三种溶液，图 3-2 所示，无水乙醇和 DMF 的碳纳米管溶液均产生了大量碳管沉淀，且上层溶液颜色变浅，而去离子水的碳纳米管溶液基本无变化。去离子水对于所选用的碳纳米管具有较好的分散稳定性，后续试验中所采用的均为碳管的去离子水溶液。

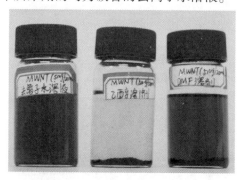

图 3-2　去离子水，无水乙醇及 DMF 的碳纳米管悬浮液（a）和静置四天后的悬浮液（b）

3.2　组装碳纳米管的基片修饰与选择

3.2.1　基片修饰预处理

采用 MEMS 工艺中常用的基底材料如 SiO_2/Si，Si 作为基片，实验前均经过清洗处理。具体步骤如下：Piranha 试剂（浓硫酸与浓硝酸以体积比 7：3 配置的混合液）浸泡 5h，取出后用去离子水反复冲洗，气体吹干。基片修饰采用氨基溶液，由 50mL 无水甲醇、2mL 乙酸、2mL 去离子水和 1mLAPTES（3—氨基丙基三乙氧基硅烷）配制而成。将清洗过的基片浸入氨基溶液中 24h，取出后用无水甲醇反复清洗，在 120℃下烘 10min。即配即用或放置于无水甲醇中浸泡保存。经过修饰的基片表面会形成带正电荷的氨基基团单分子层（-NH$_2$），该基团可与羧基基团发生羧合反应，形成化学键，利于碳纳米管在基片上的可靠固定。

　　备两片硅片，一片仅用 Piranha 试剂清洗，另一片在用 Piranha 试剂清洗后，修饰氨基单分子层。将碳管溶液滴在两片硅片表面，溶剂蒸发后用去离子水超声清洗，得到碳管分布 SEM 图片见图 3-3 和图 3-4。生长有氨基单分子层的硅片用去离子水清洗前后碳管的分布差别不大。这是因为修饰过的硅片表面与处理后的碳管之间的结合力远大于未生长氨基单分子层的硅片与碳管的范德华力，与碳管具有更强的黏附性。

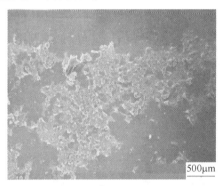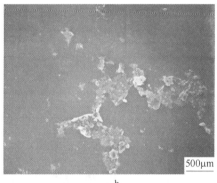

图 3-3　未生长氨基单分子层硅片表面纳米碳管的 SEM 图片

a—用去离子水清洗前；b—去离子水清洗后

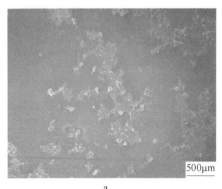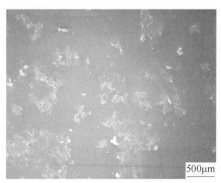

图 3-4　生长氨基单分子层硅片表面纳米碳管的 SEM 图片

a—用去离子水清洗前　b—去离子水清洗后

3.2.2 基片选择

对比 SiO_2/Si，Si 两种基底材料与碳管的黏附性。备一片硅片和一片热氧一层厚度为 200nm 二氧化硅的硅片，均经过氨基溶液修饰。配置浓度为 1mg/60mL 的碳管悬浮液，滴加于两个基片上，干燥后用去离子水超声清洗，得到的碳管 SEM 图片见图 3-5。从图 3-5 中我们可以发现氨基溶液修饰的二氧化硅和硅基片表面的碳管数量无显著差别。碳管与二氧化硅和硅之间的黏附力可承受超声清洗，具有一定的可靠性，且两种材料的基片与碳管的黏附性无明显差异。这是因为带有薄层自然氧化层的硅片与生长有 200nm 厚的二氧化硅片表面在强氧化剂清洗液中接上羟基（-OH）后，与硅烷氨基溶液反应形成（-O-NH-）基团。该基团与碳管带有的羧基基团形成化学键连接，具有较强的黏附力。

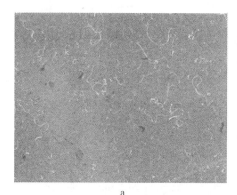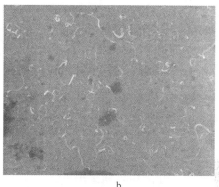

a   b

图 3-5 在单晶硅与二氧化硅表面分布浓度为 1mg/60ml 碳管溶液后清洗

a—单晶硅表面碳管分布图；b—二氧化硅表面碳管分布图

考虑后续制作电极引线对绝缘层的需要，实验中我们选用生长有厚度为 200nm 二氧化硅的硅片作为基底。

3.3 流体定向组装碳纳米管

3.3.1 流体定向组装原理

碳纳米管溶液以一定速度流过基片表面，溶液在固体表面形成薄层。其边界层的厚度相对与碳管的尺寸较大，会有大量的碳管处于溶液边界层的速度场内。碳纳米管有较大的弯曲，在整个长度尺寸上很难完全与液体流线平行，因此总会存在带羧基基团的碳纳米管某一端首先与基片表面形成可靠的化学键连接，并且沿碳管长度方向上周围各点速度不同。同时，液体自身存在黏性，边界层内形成沿流体方向的剪切力，该剪切力作用在一端固定的碳纳米管上，使碳管沿流体方向排列组装，见图 3-6。

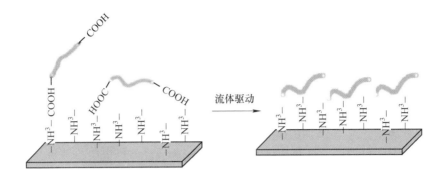

图 3-6   碳纳米管在基片上流体组装的原理示意图

3.3.2   流体组装实验装置设计

该实验装置由气源、气流管道、样品台、可控流量容器构成。气源设备选用流量 270m³/h，单相交流电机功率 180W 的鼓风机。风机出口内径 60mm，与气流管道内径一致。气流管道总长度为 500mm。样品台为长 37.5mm、宽 58mm、厚度 5mm 的薄板，且离风机较近的一端加工成半径 2.5mm 的圆弧，以减弱气流紊乱。样品台距离气流管道尾部 200mm。图 3-7b 显示，样品台靠近气流源的前端表面加工三排直径为 1mm、深度 2mm，且相互间距 3mm 的孔，孔阵列下方为 30mm×10mm×3mm 的空腔容积。可调节流量的容器和硅胶管将碳纳米管溶液引入空腔中，并由孔阵列排出进入样品台表面。距离孔阵列 4mm 处加工有尺寸为 20mm×20mm×0.5mm 的方槽，用来放置基片。孔阵列可使溶液均匀的将整个基片表面覆盖。样品台两侧各有两个螺纹孔，与气流管道配合，通过在螺钉上增加垫片调节样品台的倾角。

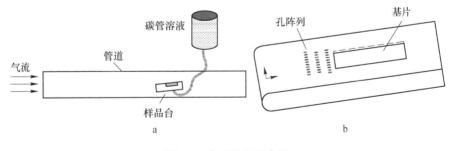

图 3-7   实验装置示意图

a—装置示意图；b—样品台示意图

风机输出的气流速度通过变压器调节。用皮托管测量不同输入电压下样品台处的气流速度，测得数据见表 3-1。

表 3-1 输入电压与样品台处气流速度对应表

电压/V	60	70	80	90	100	110	120	130	140
气流速度/m·s⁻¹	6.4	6.8	11.0	13.4	15.7	17.7	19.0	19.8	20.3
电压/V	150	160	170	180	190	200	210	220	
气流速度/m·s⁻¹	20.8	21.2	21.4	21.7	21.9	22.0	22.1	22.2	

3.3.3 流体组装仿真计算

边界层是黏性流动中固体壁面附近黏性起主导作用的一薄层流体层。实验装置中的流体计算模型正是典型的边界层流动-平板边界层。由于流体是有黏性的，黏性流体流经平板时，紧靠板面的流体质点黏附板上，其速度与平板壁面相同，此处平板静止不动。通过黏性作用，流体质点之间将存在内摩擦阻力，使贴近平板的流体逐渐减慢，形成壁面附近很大的流速梯度。这一流动区域称为边界层。平板尾部将形成尾流。受平板的影响尾流中流速不再是均匀分布的。

如图 3-8 显示，u 表示沿 x 轴方向的流速。通常定义当地流速 $u(x, y)$ 等于 $0.99U_E$ 时的 y 值为边界层厚度 δ，这样定义的边界层厚度也称为名义厚度。

$$u(x, \delta) = 0.99U_E \qquad (3-1)$$

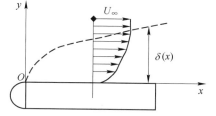

图 3-8 黏性流体流经平板的流动情形[86]

式中，U_E 为当地壁面处的由欧拉方程解得的势流流速。对于平板绕流，沿平板上各点势流流速均等于 U_∞，U_∞ 为无穷远处未受扰动的来流流速。一般情况下边界层很薄，作为近似可以以原固体壁面作为理想流动的边界。在边界层内，即 $y \leq \delta$ 时流速梯度 $\dfrac{\partial u}{\partial y}$ 比较显著，黏性切应力 $\tau = \mu \dfrac{\partial u}{\partial y}$ 不容忽略，其中 μ 为流体的黏性系数[86]。

黏性切应力对碳纳米管的作用是完成流体排列组装的关键因素。适当增加黏性切应力有可能改善碳管的排布效果，主要体现在碳管的方向一致性和被拉直。在本研究所设计的实验装置中，调节样品台相对气流方向的倾角和气体的流速是精确可控和容易实现的。因此，首先进行流体仿真计算分析这两个因素对于黏性切应力的影响趋势，为具体实验中流体参数的选择提供参考。

3.3.3.1 计算模型

以一定速度的气流驱动碳管溶液流过样品台上的基片表面，其模型中涉及到气、液两相流的问题，包含气、液、固三相界面。由于液体的黏性远大于空气，液体在基片表面形成很薄的一层液膜，且液膜厚度尺寸相对于气体在管道中的径向尺寸很小，为简化计算，我们对气体在边界层内的切应力进行计算，近似分析流体的切应力。

设定气体流经管道的流场二维计算域为 60mm×500mm 的矩形，距管道入口300mm 处有一个前端为半圆而后端为矩形的面，其中半圆直径为 5mm，矩形尺寸为 5mm×50mm，见图 3-9。所有的壁面设为标准壁面条件。

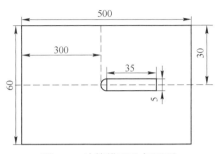

图 3-9　计算模型几何图形

流场中一平壁面，以平壁面前缘为原点，取 x 轴沿平面指向下游，y 轴则与壁面垂直，二维流动的 N-S 方程对于边界层流动是适用的。考虑非恒定流动但不考虑质量力或者说压强为流体动压强，N-S 方程可写为[86]：

$$\frac{\partial u}{\partial t} + u \frac{\partial u}{\partial x} + v \frac{\partial u}{\partial y} = -\frac{1}{\rho} \frac{\partial p}{\partial x} + v\left(\frac{\partial^2 u}{\partial x^2} + \frac{\partial^2 u}{\partial y^2}\right) \tag{3-2}$$

$$\frac{\partial v}{\partial t} + u \frac{\partial v}{\partial x} + v \frac{\partial v}{\partial y} = -\frac{1}{\rho} \frac{\partial p}{\partial y} + v\left(\frac{\partial^2 v}{\partial x^2} + \frac{\partial^2 v}{\partial y^2}\right) \tag{3-3}$$

$$\frac{\partial u}{\partial x} + \frac{\partial v}{\partial y} = 0 \tag{3-4}$$

对于具有很大雷诺数的黏性流动，可以近似地把整个流动分成两区域来处理：边界层外部的外部势流区域和物体壁面附近的边界层区域。对于外部势流区域，可以忽略黏性力，可以采用理想流体运动理论计算外部流动，从而知道边界层外部边界上的压力和速度分部，并将其作为边界层流动的外边界条件。在边界层区域内必须考虑黏性力，而且只有考虑了黏性力才能满足黏性流体的黏附条件。另外，物理量在物面上的分布、摩擦阻力及物面附近的流动都和边界层流动联系在一起。描述边界层内的黏性流体运动的是 N-S 方程，由于边界层厚度 δ 比特征长度小得多，即 δ / L（边界层相对厚度）是一个小量，边界层内黏性力和惯性力同阶；而且 x 方向速度分量沿法向的变化比切向大得多，因此 N-S 方程可在边界层内做很大的简化。普朗特边界层方程即是对 N-S 方程在边界层特定的几何和流动条件下得到边界层的近似方程，具体描述如下[86]：

$$\frac{\partial u}{\partial t} + u \frac{\partial u}{\partial x} + v \frac{\partial u}{\partial y} = -\frac{1}{\rho} \frac{\partial p}{\partial x} + v \frac{\partial^2 u}{\partial y^2} \tag{3-5}$$

$$\frac{\partial p}{\partial y} = 0 \tag{3-6}$$

$$\frac{\partial u}{\partial x} + \frac{\partial v}{\partial y} = 0 \tag{3-7}$$

考虑下述边界条件：

$$y = 0 ; u = 0 ; v = 0 ; y = \infty ; u = U \tag{3-8}$$

描述边界层内的黏性流动。考虑恒定流情况，联立式（3-5）和式（3-7）求解压强与速度的耦合方程。

3.3.3.2 仿真计算结果

用软件 Fluent 进行仿真计算。Fluent 使用有限体积法，对计算区域划分网格，将待解的微分方程对每个控制体积积分，从而得到离散方程。设定五种气体速度和五个样品台倾角，计算气体在样品台附近的速度流线和静压力分布。样品台倾角 0° 和气流速度 26m/s 时的速度流线和静压力分布见图 3-10 和图 3-11。

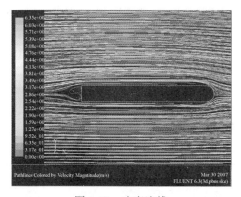 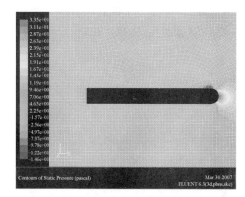

图 3-10　速度流线　　　　　　　　图 3-11　静态压力分布图

提取节点数据进行后处理，计算样品台表面的流体剪切力。设定 11m/s、15m/s、19 m/s、21 m/s、26 m/s 五种气体来流速度，倾角为 0° 时计算得整个样品台壁面上的切应力见图 3-12。其中，x 轴表示样品台表面沿气体流向的坐标（见图 3-8）。设定来流速度 26 m/s，倾角分别为 0°、3°、6°、9°、14° 时样品台上的切应力计算结果见图 3-13。方形基片距样品台尾部最近的边缘 10mm，整个基片处于切应力分布为直线的区域内。

总结以上切应力的计算结果，来流速度与切应力的关系曲线成近似正比分布，即来流速度在 11~26m/s 范围内，速度越大，切应力也越大，且曲线斜率为 1.9，见图 3-14。对特定来流速度下，倾角与切应力大小的关系在 0°~14° 范围内，样品台的倾角越大，边界层内的切应力也越大，其关系曲线也呈近似正比分布，斜率为 1.1，见图 3-15。可见流体速度的变化对边界层内切应力改变具有更大的影响。

样品台倾角和来流速度越大，流体切应力越大。因此选择较大的样品台倾角和较大的来流速度，均可增加边界层内的切应力，即增加了碳纳米管排列组装的驱动力，可实现更好的排列。

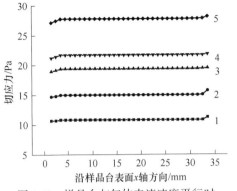

图 3-12 样品台与气体来流速度平行时
不同来流速度下的样品台表面切应力分布

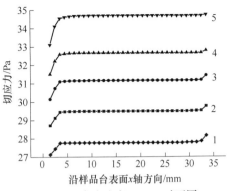

图 3-13 来流速度 26m/s 时不同
倾角下的样品台表面切应力分布

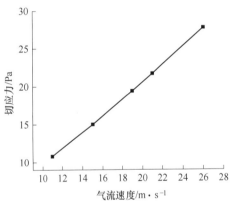

图 3-14 样品台倾角与剪切力的关系

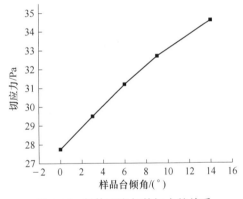

图 3-15 气体速度与剪切力的关系

3.3.4 流体组装实验

3.3.4.1 碳纳米管流体组装实验

如前所述方法，配制浓度为 2μg/mL 碳纳米管悬浮液，注入可变流量容器内。选用尺寸为 20mm×20mm 且经过氨基修饰的生长有二氧化硅的硅片固定在样品台的样片槽内。样品台用螺钉与气体管道装配，通过在螺钉上增加垫片可改变样品台与管道轴线的夹角。可实现的最大倾角为 14.3°，最大气流速度为 26m/s。在气体管道入口固定滤网，用以减小气流的紊乱。

设定气流速度 19m/s，样品台倾角分别为 0°、3.3°、6.2°、9.3°、14.3°，溶液流过样片表面的时间为 10min。不同倾角时碳纳米管的分布置于扫描电子显微镜（SEM）下观察，见图 3-16。

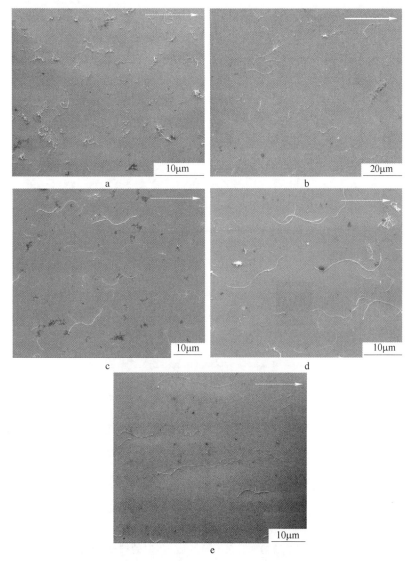

图 3-16 多壁碳纳米管在不同样品台倾角下的扫描电镜图片

a—倾角为 0°；b—倾角为 3.3°；c—倾角为 6.2°；d—倾角为 9.3°；e—倾角为 14.3°

由仿真计算结果可知，样品台倾角越大，表面溶液边界层内剪切力越大。基于流体驱动碳纳米管排布机理，此时可取得更好的方向性排列。设置样品台处于最大倾角 14.3°，流体速度分别为 11m/s、15.7 m/s、19.0 m/s、21.2 m/s、26 m/s，溶液流过样片表面的时间为 10min。碳纳米管排列的扫描电子显微镜照片见图 3-17。

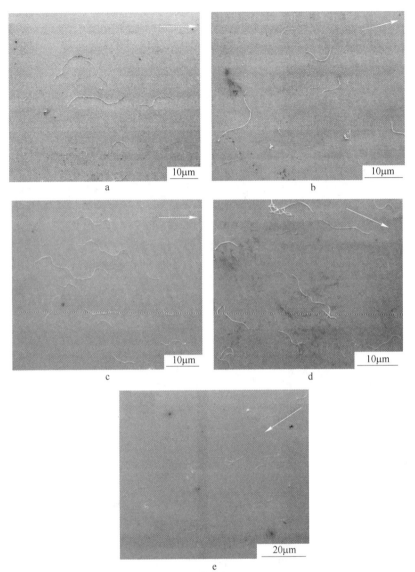

图 3-17   多壁碳纳米管在不同气流速度时的扫描电镜图片

a—气体速度为 11.0m/s；b—气体速度为 15.7 m/s；c—气体速度为 19.0m/s；

d—气体速度为 21.2 m/s；e—气体速度为 26.0m/s

3.3.4.2   其他一维纳米材料流体组装实验

采用流体组装对碳纳米纤维（CNF）和硫化铋（Bi_2S_3）纳米线进行组装。
CNF 的直径为 50~200nm，以 DMF 为溶剂超声 60min 配制成分散均匀且稳定的悬
浮液。Bi_2S_3 纳米线（北京大学微电子系陈青、高红老师提供）长度百微米左右，
直径小于 100nm，材料长直，易断裂，含少许晶体颗粒杂质。Bi_2S_3 纳米线与无水

乙醇混合超声 10min，配制成分散均匀、浓度为 10μg/mL 的悬浮液。

将单分子层修饰后的有二氧化硅的硅片固定在样品台上，设定样品台倾角 14.3°，气流速度 26m/s，纳米材料悬浮液流过样品表面的时间为 10min。CNF 和 Bi₂S₃ 纳米线流体组装的实验结果分别见图 3-18 和图 3-19，其中箭头所指方向为气体流向。

由图 3-18 和图 3-19 中不同标尺下的一维纳米材料分布可知，在流体驱动下，CNF 和 Bi₂S₃ 纳米线在基片上的较小范围内呈较好的定向排列，而较大范围内的排列没有小范围内排列的方向一致性好。

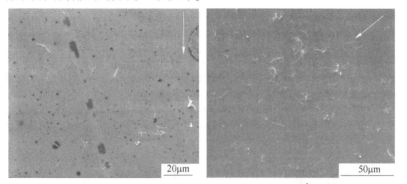

图 3-18 碳纳米纤维流体组装标尺为 20μm（a）和标尺为 50μm（b）的 SEM 照片

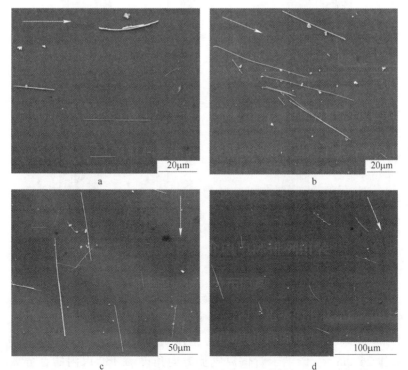

图 3-19 Bi₂S₃ 纳米线流体组装 SEM 照片

a—标尺为 20μm；b—标尺为 20μm；c—标尺为 50μm；d—标尺为 100μm

3.4　碳纳米管方向一致性评价

碳纳米管排列方向的一致性从电镜图片上观测不易进行定量评价，为了比较不同条件下碳纳米管的排列效果，指导实验参数的选择，需要对其进行评价。所采用评价方式如下所述：首先对于电镜图片中的每根碳纳米管，测量其偏离气流方向的角度；然后通过对 6 幅以上的电镜图片进行统计，得到碳纳米管偏离角度的直方图；最后统计偏离角度在 ±15° 以内的碳纳米管的百分数。

由图 3-20，当气体速度为 19m/s，样品台倾角为 0°、3.3°、6.2°、9.3°和14.3°时，偏离角度在±15°的碳纳米管百分数分别为 19%、35%、69%、64%和80%。可知倾角为 14.3°时，碳纳米管的排列具有较好的方向一致性。从电镜图片观测，相对于其他角度下的排列，最大倾角时碳纳米管有被拉直的效果，如图3-20d 所示。

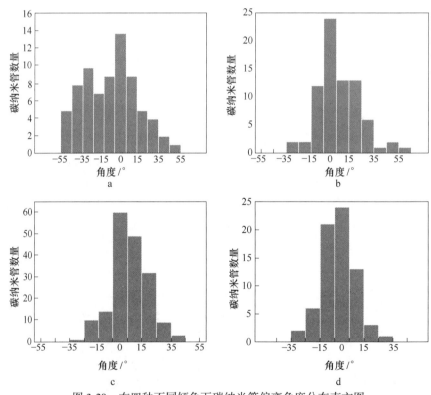

图 3-20　在四种不同倾角下碳纳米管偏离角度分布直方图

a—倾角为 3.3°；b—倾角为 6.2°；c—倾角为 9.3°；d—倾角为 14.3°

当样品台倾角为 14.3° 时，气流速度为 11.0m/s、15.7m/s、19.0m/s、21.2m/s 和 26.0m/s，碳纳米管偏离气流方向角度 ±15° 以内的百分数分别为54%，50%，78%，81%和83%，见图 3-21。可见气流速度为 26m/s 时，碳纳米管的方向一致性较好。

比较不同实验条件下，碳纳米管偏离角度 ±15° 以内的百分数可知样品台倾角和气流速度是影响碳纳米管排列效果的两个重要因素。倾角和气流速度与碳纳米管偏离角度 ±15° 以内的百分数的关系见图 3-22 和图 3-23。

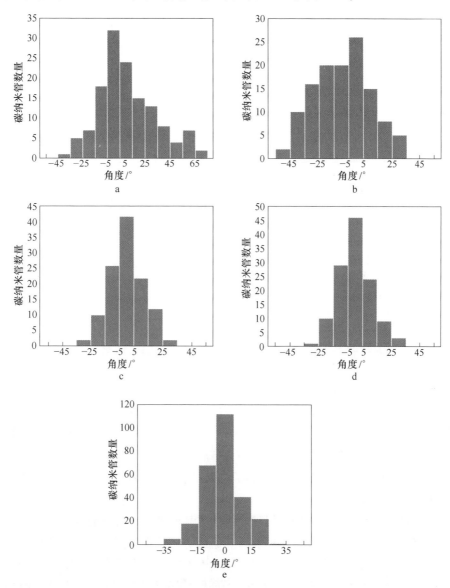

图 3-21 在五种不同气流速度下碳纳米管偏离角度分布直方图

a—气流速度为 11.0m/s；b—气流速度为 15.7m/s；c—气流速度为 19.0m/s；

d—气流速度为 21.2m/s；e—气流速度为 26.0m/s

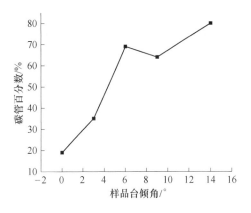 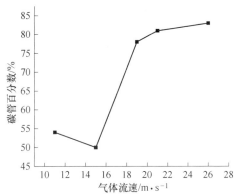

图 3-22　碳纳米管偏离角度 ±15° 内　　　　图 3-23　碳纳米管偏离角度 ±15° 内
　　的百分数与样品台倾角的关系　　　　　　　的百分数与气流速度的关系

由以上关系图，在实验样品台倾角和气流速度范围内，除个别数据点外，样品台倾角越大，碳纳米管排布效果越好；气流速度越大，碳纳米管排列效果越好。但由于统计误差和随机误差，碳纳米管排列一致性百分数与倾角和气流速度不成绝对的正比关系。

3.5　本章小结

在本章内容中，采用流体驱动的方法进行了碳纳米管的排列组装，搭建了试验装置，建立了碳纳米管方向一致性评价方法，通过理论仿真计算和实验分析了影响碳纳米管排列方向一致性的两个重要因素。

通过碳纳米管原材料酸化处理，溶剂选择和超声分散，打破了碳纳米管之间的团聚和缠绕，配制了稳定性好，均匀分散的碳纳米管悬浮液。同时，分散的碳纳米管在其两端开口和缺陷处接上羧基（—COOH）基团。选择基片进行氨基（—NH$_2$）单分子层化学修饰，验证了预处理后的碳纳米管和基片之间具有可靠的黏附性。稳定分散的碳纳米管悬浮液和可靠黏附性为流体排列组装碳纳米管提供了条件。

基于流体排列组装碳纳米管机理，搭建了气流平稳、溶液能均匀覆盖基片表面、实验参数精确可控的流体排列装置。通过仿真计算分析了影响基片表面溶液边界层内剪切力的两个主要因素，得到影响因素与剪切力的半定量关系，为选择实验参数提供了参考。选择不同样品台倾角和气流速度分别进行了排列组装实验。建立以碳纳米管偏离气流方向角度 ±15° 内所占的百分数来评价碳纳米管排列方向一致性的方法，并对扫描电镜观测下的实验结果进行统计评价。通过分析样品台倾角和气流速度与碳纳米管偏离气流方向角度 ±15° 内所占百分数之间的关系，可知除个别数据点外，样品台倾角越大，气流速度越大，碳纳米管排列方向一致性越好。以实验范围内的最大倾角和最大气流速度进行实验，得到了较好的碳纳米管方向一致性排列，在气流方向角度 ±15° 内的碳纳米管达 83%。另外，采用流体组装实验装置对 CNF 和 Bi_2S_3 纳米线进行了排列组装，在基片上的较小范围内呈较好的定向排列，而较大范围内的排列没有小范围内排列的方向一致性好。

4 面向 NEMS 器件的一维纳米结构介电电泳组装

本章介绍了采用介电电泳组装碳纳米管等一维纳米材料的实验研究，并将介电电泳应用于多层结构的制造。基于流体驱动组装和介电电泳组装各自的优势，研究流体结合电泳定向定位组装碳纳米管的方法。

4.1 介电电泳组装概述

介电电泳技术的前身是众所周知的电泳现象，即：带电荷的微粒在电场作用下于静止液体中运动。电泳的基本原理简单，广泛应用于生物或高分子样品的分析。电泳现象的基本前提是悬浮微粒必须带电，或透过液体介质的匹配选用使微粒携带适当电荷。对于许多无法有效带电的材质微粒，由于任何材质都会有一定的介电特性，在外加电场下会受到不同程度的极化，并因此倾向于顺着外加电场的方向排列。如果外加电场的空间分布不均匀，那么这些被极化了的微粒就会受到一份净力，进而造成不同程度的漂移运动。这种可极化的微粒在不均匀外加电场中所发生的运动称为介电电泳[87]。1978 年，由科学家 H. A. Pohl 将介电电泳引进生物和化学领域，用于电泳无法胜任的场合，提供生物微粒的分离和操纵[88]。

以对称球体为例来说明在外加非均匀电场中，对称球体极化受力的运动方式[89]。电偶位于一非均匀电场及均质介电常数为 ε_1 的介质中，非均匀场强度为 $\vec{E}_0(\vec{r})$。由电磁学求出空间中某位置上的电位：

$$\phi = \frac{\vec{p} \cdot \vec{\gamma}}{4\pi\varepsilon_1\gamma^3} \tag{4-1}$$

式中，$\vec{\gamma}$ 为相对于电偶中心的位置向量，因此其大小即为离电偶中心的距离 $\gamma = |\vec{\gamma}|$。若电偶两极距离 d 远小于外加非均匀电场两端电极间的距离，则电偶在电场中所受到的力及力矩可以表示为：

$$\boldsymbol{F} = (\vec{p} \cdot \nabla)\vec{E}_0 \tag{4-2}$$

$$\vec{T} = \vec{p} \times \vec{E}_0 \tag{4-3}$$

现在将电偶极换成一个半径为 R 的球体，本身介电常数为 ε_2。考虑球体受外加电场的作用后偶极化，再求空间中某点的电位可得[90]：

$$\phi \approx \frac{(\varepsilon_2 - \varepsilon_1)R^3 \overrightarrow{E_0} \cdot \overrightarrow{\gamma}}{(\varepsilon_2 + 2\varepsilon_1)\gamma^3} \tag{4-4}$$

且 $|\overrightarrow{r}| > R$。因此，比较 (4-1) 与 (4-4) 式，可以得到球体的有效电偶极矩：

$$\overrightarrow{p_{eff}} \equiv 4\pi\varepsilon_1 K R^3 E_0 \tag{4-5}$$

式中，$K \equiv (\varepsilon_2 - \varepsilon_1)/(\varepsilon_2 + 2\varepsilon_1)$ 称为 Clausius-Mossotti factor。将式 (4-5) 代入式 (4-2) 中，可以得到球体在介电物质 ε_1 中，被极化后受到外加电场 $\overrightarrow{E_0}$ 所施的力为[89]：

$$F \equiv 2\pi R^3 \varepsilon_1 K \nabla E_0^2 \tag{4-6}$$

依据 (4-6) 式，当 $K > 0 (\varepsilon_2 > \varepsilon_1)$ 或 $K < 0 (\varepsilon_2 < \varepsilon_1)$ 时，球体会分别向电场强度较高的区域靠近或远离，此即所谓正或负的介电电泳。考虑交流的情形，将随时间做变化的外加电场带入，并假设外加非均匀电场作正弦函数变化：

$$\overrightarrow{E_0}(\overrightarrow{\gamma}, t) = \mathrm{Re}[\overrightarrow{E_0}(\overrightarrow{\gamma}) \exp(j\omega t)] \tag{4-7}$$

式中，$\overrightarrow{E_0}(\overrightarrow{\gamma})$ 为与位置相关的有效值电场大小，$j = \sqrt{-1}$；ω 为角频率；t 为时间。考虑交流电场对介质与球体的介电常数所产生的影响，必须将两者介电常数做以下更改[89]：

$$\varepsilon_1 \rightarrow \overline{\varepsilon_1} = \varepsilon_1 + \sigma_1/j\omega \tag{4-8}$$

$$\varepsilon_2 \rightarrow \overline{\varepsilon_2} = \varepsilon_2 + \sigma_2/j\omega \tag{4-9}$$

式中，σ_1 与 σ_2 分别为介质与球体的导电率。经整理后，可以得到球体在时间平均后所受到的力为[89]：

$$\overrightarrow{F} = 2\pi\varepsilon_1 R^3 \{\mathrm{Re}[K] \nabla E_0^2\} \tag{4-10}$$

$$K \equiv \frac{(\overline{\varepsilon_2} - \overline{\varepsilon_1})}{(\overline{\varepsilon_2} + 2\overline{\varepsilon_1})} = K_\infty + \frac{K_0 - K_\infty}{j\omega\tau_{MW} + 1} \tag{4-11}$$

$$K_\infty \equiv (\varepsilon_2 - \varepsilon_1)/(\varepsilon_2 + 2\varepsilon_1) \tag{4-12}$$

$$K_0 \equiv (\sigma_2 - \sigma_1)/(\sigma_2 + 2\sigma_1) \tag{4-13}$$

$$\tau_{MW} \equiv (\varepsilon_2 + 2\varepsilon_1)/(\sigma_2 + 2\sigma_1) \tag{4-14}$$

$$\mathrm{Re}[K] = K_\infty + (K_0 - K_\infty)/(1 + \omega^2\tau^2) \tag{4-15}$$

由 (4-15) 式可知，当 $\mathrm{Re}[K] > 0$ 或 $\mathrm{Re}[K] < 0$ 时，分别会使颗粒被电场强度较高的区域所吸引或排斥。

作为纳米应用的电极涉及微小的尺寸，加上偏压之后会在基板的重点区域形成可观的电场梯度，电场不均匀度大，使得该区域内的悬浮物体受到较强的介电电泳力。同时，纳米物体的质量很小，易于受力而运动。其中，一维的纳米材料又特别易于沿着长轴方向受到电偶极化，因而更适合利用介电电泳来进行搬运、排列、定位、分离和筛选等操纵[87]。碳纳米管作为溶液中的被极化颗粒，可实现在不均匀外加电场中运动迁移。图 4-1 为介电电泳排列一维纳米材料的原理图。

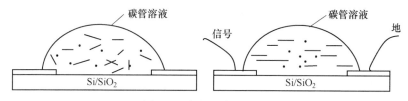

图 4-1　介电电泳原理图

多壁碳纳米管通常被认为是金属性碳纳米管，相对介电常数为 10^4，电导率为 $10^8\mathrm{S}^{[91]}$；去离子水溶剂的相对介电常数为 80，电导率为 $10^{-5}\mathrm{S}$。代入式（4-15）中，对去离子水溶液中的金属性碳纳米管进行介电电泳时，计算得到 Clausius-Mossotti 因素 K 的实部 $\mathrm{Re}[K]$ 与频率的关系见图 4-2。

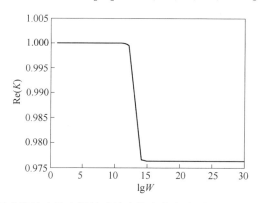

图 4-2　去离子水溶液中的金属性碳纳米管介电电泳时的 $\mathrm{Re}(K)$ 与频率的关系

在任何频率下，多壁碳纳米管去离子水溶液的 $\mathrm{Re}[K] > 0$，即实验中施加交流信号均发生正的介电电泳，碳纳米管被吸引到电场梯度最大且距离较近的一端电极上。在电极间距与碳纳米管长度尺寸可相比时，形成碳纳米管在电极之间的搭接。

4.2　碳纳米管的介电电泳排列组装

4.2.1　介电电泳场强分布仿真

施加相同的交流信号时，电极的形状是影响电场分布的关键因素。当电极宽度相同，由场强公式可知电极间隙越大，平均场强越小。当电极间隙相等，不同的电极宽度下场强的矢量分布利用 ANSYS 进行二维电场分析。

设定电极间的介质为水，且其计算域为 50mm×50mm 的矩形，电极材料为金，电极间隙 $3\mu m$，电极宽度分别为 $0.2\mu m$、$2\mu m$、$10\mu m$ 和 $40\mu m$。施加电场的边界条件为电压值 20V，频率 10MHz。计算得到的电场矢量分布见图 4-3。其中，为方便看清细节，电极宽度为 $0.2\mu m$ 和 $2\mu m$ 的电场分布显示的区域是将整个计算域放大 5 倍的结果。

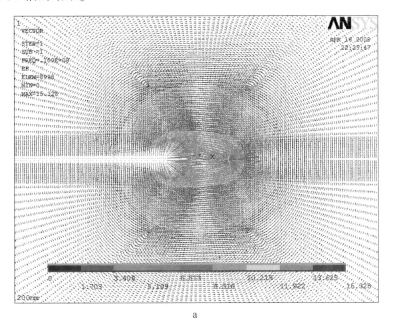

a

b

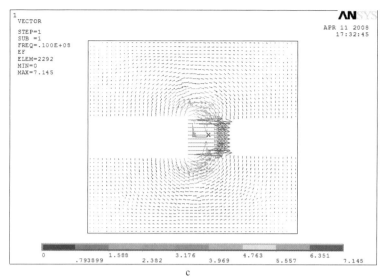

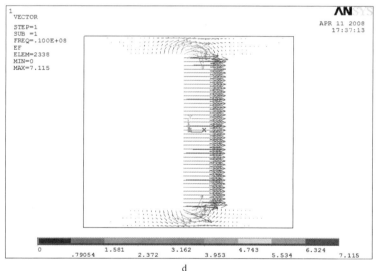

图 4-3　相同电极间隙四种电极宽度下场强矢量分布图

a—电极宽度为 0.2μm；b—电极宽度为 2μm；c—电极宽度为 10μm；d—电极宽度为 40μm

图 4-3 中箭头的长度越长表示场强越大，由图 4-3 可见，最大的场强均出现在电极之间，且电极宽度为 0.2μm、2μm、10μm 和 40μm 时的最大电场强度分别为 15.328、8.035、7.145 和 7.115。由计算结果，当电极宽度从 0.2μm 增加到 2μm 时，场强幅值的最大值减小了约 50%，随着电极宽度继续增加，场强幅值有较小的削弱。当电极宽度增加到 40μm 时，相对于电极宽度 10μm 时的场强幅值变化量仅为 0.4%。同时，场强在电极间的分布随着电极宽度的增加更加均匀。因此，相同交流信号下，选用较大的电极宽度可实现适当的幅值和分布更均

匀的电场，利于实现电极间多根碳纳米管的平行阵列。

4.2.2 介电电泳实验

实验装置由悬浮液容器、探针台和信号发生器构成。由硅微加工工艺加工出有金属电极的基片：在生长有二氧化硅的硅片上溅射厚度为 4nm/80nm 的 Cr/Au 金属层，图形化得到不同宽度、间隙、形状的对电极，见图 4-4。然后将有金属对电极的基片浸入到碳纳米管悬浮液中，将探针与基片上的金属电极紧密接触，探针引线与信号发生器连接，实现对电极上施加一定频率和电压的交流信号。改变电压、频率和作用时间中的任意一个参数，进行碳纳米管的电泳排布，利用扫描电镜观察电泳后碳纳米管在基片上的分布。

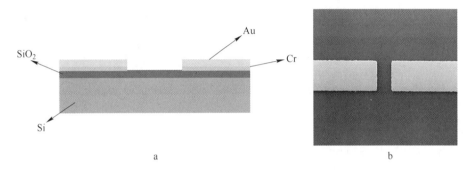

图 4-4　基片微结构示意图（a）和基片 SEM 照片（b）

利用纳米聚团床催化裂解法（CP）制备（清华大学化工系提供）和化学气相沉积（CVD）制备（清华-富士康纳米科技研究中心提供）的两种多壁碳纳米管进行了对比实验。催化裂解法制备的碳纳米管平均直径约为 10 ~ 30nm，平均长度约为 5μm，预处理后长度小于 5μm，较弯曲，见图 4-5a；CVD 制备的碳纳米

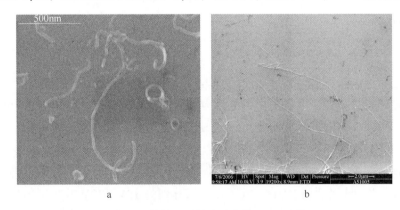

图 4-5　预处理后的碳纳米管 SEM 照片

a—催化裂解法制备的碳纳米管；b—CVD 法制备的碳纳米管

管平均直径约为 10~20nm，长度约 6~15μm，预处理后长度小于 10μm，较直，见图 4-5b。

碳纳米管均经过酸化处理后与去离子水按一定比例混合超声分散配制成浓度为 2.5μg/ml 的悬浮液。采用电极宽度为 40μm，间隙 4μm 的对电极，施加电压峰峰值 20V，频率为 10MHz 的交流信号 4min。扫描电镜下观察碳纳米管分布见图 4-6，其中图 4-6a 为 CP 法制备的碳纳米管，图 4-6b 为 CVD 法制备的碳纳米管分布。

图 4-6　CP 法制备的碳纳米管（a）和 CVD 法制备碳纳米管（b）在电极上分布扫描电镜图片

由于 CP 法制备的碳纳米管长度较小且弯曲，而电极间隙较大，没有实现单根碳纳米管沿电场方向跨电极的搭接。而是在电泳过程中一些碳纳米管迅速沉积到电极上，其余碳纳米管会以沉积的碳纳米管为电极，与先前的碳纳米管互连沉积，从而在对电极间形成桥连接。同时，碳纳米管在电极边缘存在堆积现象，弯曲的碳纳米管在电场力的作用下没有明显拉直的效果，碳纳米管取向性不好。与 CP 制备的碳纳米管相比，CVD 法制备的碳纳米管较长且较直，能形成一根碳纳米管从一端电极搭接到另一端电极，且具有比较好的方向性。以后的实验多数都采用 CVD 法制备的碳纳米管。

4.2.3　介电电泳组装的影响因素分析

根据介电电泳力描述式（4-10）、（4-15）所示，除了电泳颗粒的几何尺寸 R 和自身物理参数 ε 外，电压是影响电泳力大小的重要因素之一。另外，电极形状和电泳时间会影响碳纳米管的分布。分别改变这几个参数进行电泳实验。

电压

配制浓度为 2.5μg/ml 的碳纳米管悬浮液。采用宽度为 0.2μm，间隙为 4μm 的对电极，施加频率 15MHz，电压峰峰值分别为 15V、20V 的交流信号，电泳时间 4min。扫描电镜下观察碳纳米管分布见图 4-7。

图 4-7a 中电极间沉积的碳纳米管密度远远小于图 4-7b。当频率和电泳时间

一定，随着电泳电压的增加，会有更多的碳纳米管在电场作用下在电极间沉积。

图 4-7 不同电泳电压下沉积的碳纳米管 SEM 照片

a—电泳参数：15Vpp，15MHz AC，4min；b—电泳参数：20Vpp，15MHz AC，4min

4.2.3.1 电极宽度

固定电泳的电场参数，施加电压峰峰值 20V，频率 10MHz 的交流信号，电泳时间 4min。采用电极间隙为 4μm，宽度分别为 2μm、10μm 和 40μm 的对电极进行对比试验，碳纳米管分布的扫描电镜照片见图 4-8。

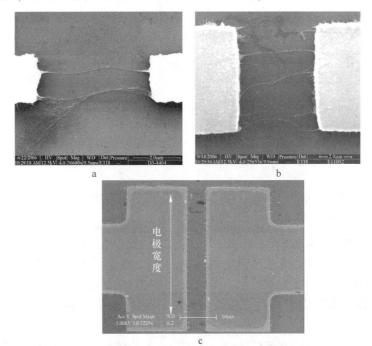

图 4-8 不同电极宽度下沉积的碳纳米管 SEM 照片

a—电极宽度 2μm；b—电极宽度 10μm；c—电极宽度 40μm

由图 4-8 中碳纳米管的分布，三种电极宽度下，电极单位宽度上的碳纳米管密度相近，增加电极宽度可在电极宽度尺寸上实现碳纳米管平行阵列。

4.2.3.2 电泳时间

在相同的电极上，施加相同电压和频率的交流信号，分别电泳 4min、5min 和 6min，得到的碳纳米管分布 SEM 照片见图 4-9。其中，电极宽度 10μm，电极间隙 4μm、电压峰峰值 20V、频率 10MHz。

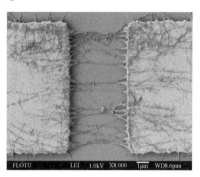

图 4-9 不同电泳时间下的碳纳米管 SEM 照片

a—电泳时间 4min；b—电泳时间 5min；c—电泳时间 6min

在其他参数相同的情况下，电泳时间越长，对电极间的碳纳米管越密集。

4.2.3.3 电场模式

以上电泳组装碳纳米管实验中均施加交流信号。改变电场模式，施加直流和带直流偏置的交流进行碳纳米管电泳沉积。采用 5V 以上的直流电压电泳时，水溶液中电极附近产生了大量气泡，碳纳米管未能沿电场方向取向，且大量堆积在连接正极的一端电极上。为了使碳纳米管在两端电极间的搭接，需施加交流信号。

施加带直流偏置的交流信号时，采用较小的直流偏置，避免水溶液被电解产生气泡。施加直流偏置电压 2V，电压峰峰值 12V 且频率 10MHz 的交流信号（交流电压幅值与直流偏置电压之比为 6：1）进行电泳；施加直流偏置电压 1V，电压峰峰值 8V 且频率 10MHz 的交流信号（交流电压幅值与直流偏置电压之比为8：1）进行电泳。其碳纳米管分布的 SEM 照片分别见图 4-10a 和 4-10b。

图 4-10　带直流偏置交流信号电泳的碳纳米管分布图

a—交流电压与直流电压比值为 6：1；b—交流电压与直流电压比值为 8：1

采用带直流偏置的交流进行电泳沉积，在交流电压与直流电压比值为 8：1时可实现碳纳米管较好的在电极间组装，但与交流电泳沉积效果没有明显的差别。

4.2.4　其他一维纳米材料的介电电泳组装

碳纳米管由于其优异的机械、物理化学性能，广泛用于在纳器件制造中。其他一维纳米材料，如半导体、金属纳米线或纳米带等，具有某些特殊的性能，如压电、光敏等，也常常在微纳传感器的研究中应用。除多壁碳纳米管外，利用介电电泳还进行了其他一维纳米材料的定向定位组装，如单壁碳纳米管、碳纳米纤维、Bi_2S_3 半导体纳米线等。

4.2.4.1　单壁碳纳米管

所选用的单壁碳纳米管（深圳纳米港提供）直径小于 2nm，长度为 5～15μm，碳纳米管含量大于 90%，而单壁碳纳米管的含量大于 50%。经过酸化处理后与去离子水配制成悬浮液。单壁碳纳米管直径很小，相互间具有更大的团聚力，仅通过长时间的超声振动无法将其在溶剂中均匀分散。将单壁碳纳米管与去离子水混合超声 2h 后，装入离心机内的封闭试管中，以 4000r/min 的转速离心运动 30min。取出试管，碳纳米管水溶液形成分层，难以分散的单壁碳纳米管团聚体在离心作用下沉到底层，取上层溶液得到分散均匀的单壁碳纳米管悬浮液。

如前所述介电电泳操作，施加电压峰峰值 20V，频率 15M 的交流信号 4min，单壁碳纳米管在电极上的分布见图 4-11a。施加与实现多壁碳纳米管较好组装的电泳电场参数相同的交流信号，单壁碳纳米管在电极间形成一层薄膜。因此，减小电泳电压到 3V 进行交流电泳，对电极间单壁碳纳米管的分布见图 4-11b，单壁碳纳米管很直且在电极间搭接。

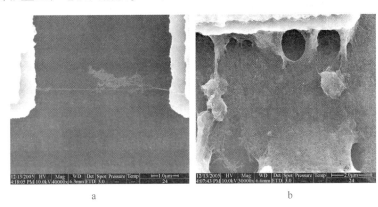

图 4-11　单壁碳纳米管介电电泳沉积的扫描电镜照片

a—单壁碳纳米管薄膜；b—单根单壁碳纳米管

4.2.4.2　碳纳米纤维

碳纳米纤维（CNF）直径 50~200nm 之间，具有低密度、高比模量、高比强度、高导电性等特性。分别以异丙醇、无水乙醇、去离子水和 DMF 为溶剂超声分散配制悬浮液，其中碳纳米纤维的 DMF 溶液稳定性较好，分散迅速。

CNF 为多晶结构，导电率较大，相对介电常数较小。在对电极上施加20Vpp、10MHz 的交流电压 4min，CNF 的分布 SEM 照片见图 4-12。当施加 2V 直流偏置，且交流为 15V、15MHz 的信号时，CNF 的分布 SEM 照片见图 4-13。CNF在超声分散中较易断裂，SEM 照片中可见 CNF 的长度尺寸约 5μm 左右，仅为原

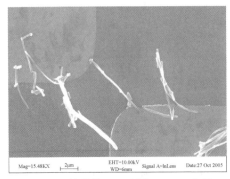 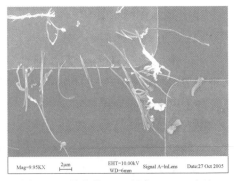

图 4-12　峰峰值 20V 频率 10MHz 交流
电泳时 CNF 分布 SEM 照片

图 4-13　峰峰值 15V 频率 15MHz 交流
且直流偏置 2V 时电泳 CNF 分布

始材料长度的 1/3~1/4。CNF 在交流电泳和带直流偏置的交流电泳下均在对电极上形成沿电场方向的搭接。

4.2.4.3 Bi₂S₃半导体纳米线

Bi_2S_3 纳米线与无水乙醇混合可配制成分散均匀的悬浮液,浓度 10µg/ml。Bi_2S_3 纳米线(北京大学微电子系高红老师提供)的长度为百微米左右,直径小于 100nm。材料本身长直,含有颗粒杂质。在宽度 80µm 的对电极上施加 20V、15MHz 交流 4min,电泳后 Bi_2S_3 纳米线分布的 SEM 照片见图 4-14。

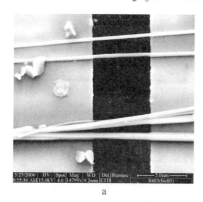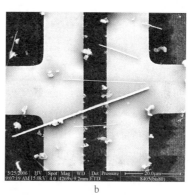

图 4-14　Bi_2S_3 纳米线在电极间隙 3µm(a)和 4µm(b)的对电极上泳分布 SEM 照片

Bi_2S_3 纳米线在超声振动中易断裂,见图 4-14b,分散后的 Bi_2S_3 纳米线长度尺寸分散性较大;另外,由于长度和直径尺寸大的纳米线质量较大,介电电泳力较小,难以驱动其沿电场方向排列。纳米线硬度大且较直,能够很好的搭接在电极上且不会在电极间隙部分下沉,可形成两端固支悬臂梁结构。

4.3　碳纳米管的单层有序多层结构制备

4.3.1　介电电泳结合 LBL 组装方法

LBL(Layer by Layer)是通过带相反电荷的聚离子或荷电微小粒子交替沉积,依靠静电引力吸附成膜的技术。带电荷的离子在沉积过程中,由于同种离子带相同电荷,在带相反电荷的表面沉积均匀后,离子间会互相排斥,通过清洗可实现分子级厚度层的沉积。酸化处理后的碳纳米管在其缺陷处接上羧基负电荷基团,通过与带正电荷的聚离子的交替沉积,可形成碳纳米管薄膜的多层结构,用于基于碳纳米管的某些纳器件制造中。

目前,许多研究者对碳纳米管薄膜多层结构的纳器件进行了研究,并用于敏感检测,取得了进展。层内的碳纳米管薄膜中碳纳米管处于无序的状态,若通过排列成为有序结构有可能改善器件的性能。介电电泳可实现碳纳米管在同层内的金属电极间有序排列组装。因此，我们将介电电泳与 LBL 结合制造碳纳米管单层有序阵列的多层结构。

4.3.2 介电电泳与 LBL 组装实验

试验中所用的聚离子为带正电荷的聚邻苯二甲酸二乙二醇二丙烯酸脂（PDDA）与带负电荷的聚苯乙烯磺酸钠（PSS），分别与去离子水配制成浓度为 15mg/ml 和 3mg/ml 的水溶液。

将带有金属电极的二氧化硅硅片通过压焊引线引出电极。二氧化硅表面认为带负电荷。首先将压焊的芯片浸入带正电荷的 PDDA 溶液中 15min，取出后用大量去离子水冲洗；其次，将芯片浸入带负电荷的 PSS 溶液中 15min，取出后去离子水清洗，重复以上操作步骤，形成四层聚离子层（PDDA/PSS）$_4$。由于碳纳米管带羧基负电荷基团，再次将芯片浸入带相反电荷的 PDDA 溶液中 10min，去离子水清洗；然后浸入碳纳米管溶液，并通过引线在电极上施加交流电压进行介电电泳组装。随后将芯片浸入 PDDA 溶液中浸泡，取出后清洗，再放入碳纳米管溶液中进行电泳。反复该操作实现碳纳米管的多层结构，见图 4-15。

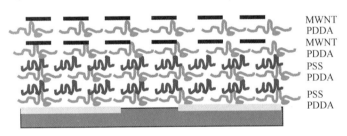

图 4-15 碳纳米管多层结构示意图

4.3.3 碳纳米管单层有序的纵向多层结构

当施加 20V、10MHz 的交流时，碳纳米管排列有序的 1 层至 5 层结构的扫描电镜照片见图 4-16。由图 4-16 可知，当采用 20V 电压电泳碳纳米管第 4 层和第 5 层时，一侧电极表面破坏，碳纳米管被颗粒污染。试验中发现电极附近产生大量气泡，发生了电化学反应。因此，减小电泳电压至 10V，制造 4 层以上的碳纳米管聚离子结构，扫描电镜下观察如图 4-17 所示。4 层结构中碳纳米管未被污染且金属电极未被破坏。5 层结构中的一端电极有轻微的颗粒化，并在碳纳米管上由一端向另一端迁移。

碳纳米管沉积的层数超过 3 层时，较高电压的交流电场电泳会产生电化学反应，破坏电极污染碳纳米管；适当减少电泳电压可实现至少 5 层可数的碳纳米管的组装。

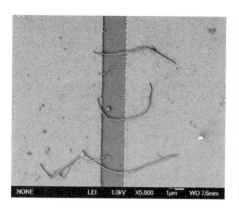
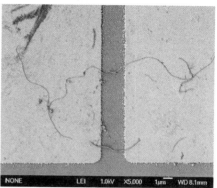

a   b

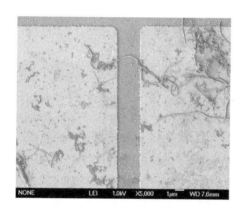
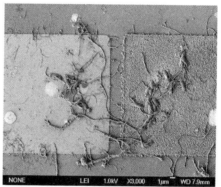

c   d

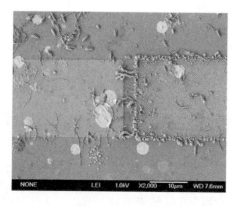

e

图 4-16　碳纳米管有序多层结构 SEM 照片
a—1 层碳纳米管；b—2 层碳纳米管；c—3 层碳纳米管；d—4 层碳纳米管；e—5 层碳纳米管

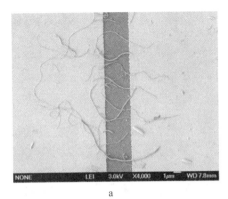 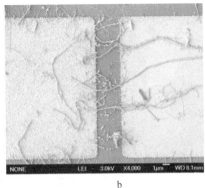

图 4-17　碳纳米管有序多层结构 SEM 照片

a—4 层碳纳米管；b—5 层碳纳米管

4.4　流体与介电电泳结合排列组装碳纳米管

与介电电泳电极上组装碳纳米管相比，流体组装碳纳米管可实现基片上较大范围的定向排列。设置适当的参数和修饰条件，流体剪切力作用可将弯曲的碳纳米管在一定程度上拉直。但流体组装难以实现指定位置准确组装，虽然有一些通过在组装碳纳米管的基片上图形化单分子层来定位碳纳米管的研究，但是化学处理得到的单分子层图形区域相对于碳纳米管尺寸较大，准确定位碳纳米管仍然存在困难。而介电电泳通过电极上不均匀电场准确的定位碳纳米管，同时实现了碳纳米管沿电场方向的排列。介电电泳的不足之处在于电泳力难以将弯曲的碳纳米管拉直。结合这两种组装方法的优势，我们提出流体与介电电泳的结合方式排列组装碳纳米管。

4.4.1　流体参数选择

介电电泳施加电场时，带电极的芯片一直处于碳纳米管溶液环境中。为了实现流体驱动力组装的同时满足介电电泳环境，设计了旋转流体组装实验装置，其实验原理见图 4-18。该装置由电动搅拌机、圆柱形容器和旋转圆柱构成，其中电动搅拌机功率为 100W，转速范围 0~3000r/min；旋转圆柱浸入碳纳米管溶液部分的圆柱直径 50mm、高度 50mm。旋转圆柱通过轴杆与搅拌机的输出口固定连接，电机驱动下在碳纳米管溶液中高速旋转。

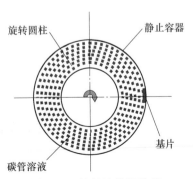

图 4-18　旋转流体组装碳纳米管实验原理

考虑结合介电电泳组装时，基片固定在旋转圆柱表面时，旋转圆柱高速旋转不利于从基片表面的引线与信号发生器连接。因此，将带引线的基片固定在静止容器的内壁。当转速较大时，碳纳米管溶液搅动激烈，由于离心力作用，溶液在旋转容器的上半部分被排开，成一漏斗形，漏斗形的溶液状况导致流体经过样片的方向并不是沿着圆柱切线，而是具有向上的速度分量。因此，不将样片固定在静止容器壁面的偏上位置。若样片固定在稍偏下的位置，由于底部的溶液转速很低，将无法实现有效地流体排列。因此，将基片固定在圆柱形容器的内壁距底部20mm 处。碳纳米管溶液在容器中的高度为 200mm。

溶液以一定速度流过基片表面，与第 2 章中流体排列所述原理相同，溶液边界层内的碳纳米管在剪切力的作用下沿流体速度切线方向排列。通过对基片表面进行化学修饰接上氨基单分子层，与碳纳米管表面羧基基团可形成化学键连接。该步骤实现了流体剪切力对一端固定的碳纳米管的牵引作用，起到拉直的效果，同时碳纳米管与基片可靠连接。实验中所用基片为带有 Cr/Au 对电极的有二氧化硅的硅片，且基片总厚度为 0.5mm。对沉积碳纳米管的 Au 表面进行氨基单分子层修饰。配制 1mmol/L 的 4-氨基硫酚乙醇溶液，将芯片浸泡 24h 后乙醇清洗。干燥后可在金表面接上氨基单分子层。

首先选用无金属电极且经过氨基修饰的二氧化硅硅片进行流体实验来确定结合实验的流体参数。配制浓度为 $3\mu g/ml$ 的碳纳米管溶液，设置电机转速为 1500r/min，此时溶液获得较大转速且不会在离心力作用下将溶液排出容器。另外，当速度再增加时，搅拌剧烈以致在溶液中产生大量小气泡，溶液流场不稳定。改变容器直径来调节固定在容器内壁基片表面的溶液流速。选择直径分别为 75mm、86mm 和 105mm 的 3 个容器。为估算流体流经基片表面的速度，流体实验的物理模型简化为经典圆形套管之间的流体流动，由于碳纳米管的质量和体积很小，简化模型为单相流。

研究内管和外管分别以角速度 ω_1 和 ω_2 旋转，其间充满流体的情况，此时流体在圆周方向旋转，在层流情况下，柱面坐标系中：

$$V_r = V_z = 0 \tag{4-16}$$

$$\frac{\partial}{\partial \theta} = \frac{\partial}{\partial Z} = 0 \tag{4-17}$$

由 N-S 方程：

$$\frac{\partial P}{\partial \gamma} = \rho \frac{v_\theta^2}{\gamma} \tag{4-18}$$

$$\mu \left(\frac{\partial^2 v_\theta}{\partial \gamma^2} + \frac{1}{\gamma} \cdot \frac{\partial v_\theta}{\partial \gamma} - \frac{v_\theta}{\gamma^2} \right) = 0 \tag{4-19}$$

由式（4-19）：

$$\frac{d^2 \nu_\theta}{d\gamma^2} + \frac{d}{d\gamma}\left(\frac{\nu_\theta}{\gamma}\right) = 0 \tag{4-20}$$

将 $\nu_\theta = \gamma \cdot \omega$ 代入，并积分得：

$$\nu = \frac{1}{\gamma_2^2 - \gamma_1^2}\left\{\gamma(\gamma_2^2\omega_2 - \gamma_1^2\omega_1) - \frac{1}{\gamma}\cdot\gamma_1^2\cdot\gamma_2^2(\omega_2 - \omega_1)\right\} \tag{4-21}$$

剪应力：

$$\tau_{r\theta} = \mu_r \cdot \frac{\partial}{\partial r}\left(\frac{\nu}{\gamma}\right) = \frac{2\mu}{\gamma^2}\frac{\gamma_1^2\gamma_2^2(\omega_2 - \omega_1)}{\gamma_2^2 - \gamma_1^2} \tag{4-22}$$

式中，γ_1 为旋转圆柱半径；γ_2 为静止容器半径；ω_1 为内管旋转圆柱的角速度，$\omega_1 = 2\pi \cdot 1500/60$，外管为静止容器，角速度 $\omega_2 = 0$，则：

$$\nu = \frac{\gamma_1^2\omega_1}{\gamma_2^2 - \gamma_1^2}\left(\frac{\gamma_2^2}{\gamma} - \gamma\right) \tag{4-23}$$

由式（4-23）可知，流体的周向速度与半径成反比。增大内圆柱的半径或减小外圆柱形容器的半径均可提高固定在外容器壁上样片表面的流速。由此计算得到三种直径下基片表面流速分别为 0.06m/s、0.12m/s 和 0.22m/s。

在该三种流速下旋转 20min 后，取出干燥，碳纳米管的分布 SEM 照片分别见图 4-19a、b、c。由图 4-19 知道，当流速为 0.12m/s 时，碳纳米管的排列方向一致性较好。速度更大时，如图 4-19c，大量碳纳米管在基片上相互缠绕堆积。由于此时盛装碳纳米管溶液的容器直径最小，相同电机转速下，流场较紊乱。推测碳纳米管在较大离心力下被迅速推向基片表面，流体剪切力的作用时间缩短。因此，排布效果反而较差。在以下流体和电泳结合组装实验中，均采用 0.12m/s 的流体速度。

a   b

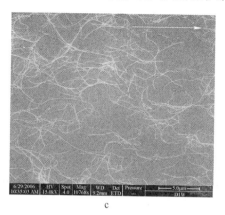

c

图 4-19 碳纳米管不同流速下在基片上分布的 SEM 照片

a—流速为 0.06m/s；b—流速为 0.12m/s；c—流速为 0.22m/s

4.4.2 电场参数选择

流体结合介电电泳实验装置由流体装置和信号源组成，通过在二氧化硅硅片上的 Cr/Au 电极压焊引线与信号源连接，如图 4-20 所示。碳纳米管溶液浓度 1.2μg/ml。电泳电场采用直流、交流和带直流偏置的交流模式，流体在基片处的速度为 0.12m/s，组装排布时间 3min。

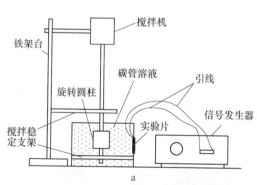
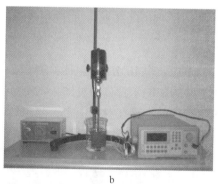

图 4-20 流体结合介电电泳组装碳纳米管的实验装置示意图（a）和实图照片（b）

施加幅值为 0.6V、5V 和 20V 的直流电压时，流体结合介电电泳组装碳纳米管的分布见图 4-21a、b、c。其中，箭头所指方向为流体流动方向。随着电压增加，电极间的碳纳米管密度增大。另外，电压过低或过高时，均难以形成可数的碳纳米管阵列。以左侧电极为正极，右侧电极为负极，施加电压 5V 时，大多数碳纳米管且碳纳米管的较长部分沉积在左侧电极上，碳纳米管没有在电极间实现搭接。

a   b

c

图 4-21   流体结合不同电压值的直流介电电泳组装碳纳米管分布图
a—直流电压 0.6V；b—直流电压 5V；c—直流电压 20V

施加频率 10MHz，电压峰峰值分别为 0.8V、5V 和 8V 的交流电压，结合方法组装的碳纳米管分布见图 4-22a、b、c。在电压峰峰值为 8V 时实现了可数碳纳米管有序的搭接在对电极上，当电压增加至 5V 以上后，碳纳米管的密度急剧增加，交织成薄膜。

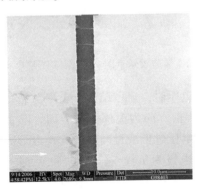

a   b

c

图 4-22 流体结合频率 10M 电压峰峰值不同的交流电泳组装碳纳米管分布图

a—交流电压峰峰值 0.8V；b—交流电压峰峰值 5V；c—交流电压峰峰值 8V

采用带直流偏置的交流电泳结合流体排列碳纳米管的 SEM 照片见图 4-23a 和图 4-23b。其交流频率均为 10MHz，交流电压与直流电压比值分别 8：1（见图 4-23a）和 5：1（见图 4-23b）。两者均能实现碳纳米管在电极间的搭接。与流体结合直流或交流电泳组装相比，同样地，电压较大的电极上沉积碳纳米管较多，但两者差别较小。

a   b

图 4-23 流体结合直流偏置的交流介电电泳组装碳纳米管分布图

a—0.8V/10MHz 的交流带直流偏置 0.1V；b—5V/10MHz 的交流带直流偏置 1V

4.4.3 流体结合电泳组装与电泳组装和流体组装比较

由图 4-21、图 4-22 和图 4-23 可知，在流体结合电泳组装碳纳米管实验中，选择适当电压和频率，直流、交流和带直流偏置的交流三种电场模式下均可实现碳纳米管定向定位排列。

流体结合电压为 5V 的直流电泳 4min 时，较相同模式下介电电泳组装的碳纳米管分布好。一方面，从 SEM 照片上看，碳纳米管之间基本没有互相粘连，我们认为流体剪切力起到沿流向梳理的作用。另一方面，与介电电泳直流组装相比，流体结合电泳组装过程中流经基片表面的流体不断更新，即使发生水解产生气泡，也会迅速的被流动溶液带走，因此不会破坏电场的定位定向作用。

如图 4-24a 所示，施加带直流偏置的交流进行介电电泳组装时，两端电极上组装的碳纳米管数量相差很大，这是因为连接直流偏置正极的一端更易沉积带羧基负电荷基团的碳纳米管。存在少量碳纳米管从一端电极搭接到另一端电极，而没有实现搭接的碳纳米管之间相互缠绕堆积，无方向性。对于相同宽度的电极，流体结合带直流偏置的交流电泳组装，左侧电极连接直流偏置的正极。如图 4-24b，左端电极上组装碳纳米管的数量较右侧多，但在流体作用下，碳纳米管沿流体方向（从左至右）从一端电极向另一端电极搭接，相互之间基本无粘连现象。

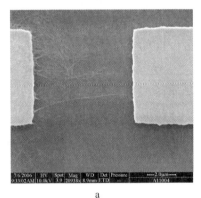 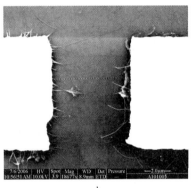

a   b

图 4-24   直流偏置 2V 和交流 10V/10MHz 的介电电泳组装

a—和直流偏置 1V 和交流 5V/10MHz 的介电结合流体组装；b—碳纳米管的分布 SEM 照片

相同的电泳时间，流体结合交流电泳组装碳纳米管，施加较低电压 8V 时，对电极间的碳纳米管密织成薄膜，见图 4-25b；而介电电泳施加较大电压 20V 时，

a   b

图 4-25   20V/10MHz 交流介电电泳组装 4min

a—和 8V/10MHz 介电电泳结合流体组装 4min；b—碳纳米管的分布 SEM 照片

电极间仅组装可数的碳纳米管阵列。介电电泳组装时，电极附近的碳纳米管在电泳过程中不断沉积，悬浮液浓度降低，而结合流体的电泳组装过程中，电极附近的碳纳米管溶液持续更新，可驱动沉积的碳纳米管更多。因此，相同的时间和频率下，采用流体结合交流电泳组装以较低的电压即可实现比较高电压下交流电泳组装更高的碳纳米管密度，其组装效率更高。

与流体组装相比，流体结合介电电泳组装可实现碳纳米管的准确定位。

4.5 本章小结

介电电泳组装碳纳米管可实现电极间的定向定位组装。多壁碳纳米管为金属性，由理论计算，在很大的频率范围内，碳纳米管发生正的介电电泳，即向邻近的电极运动，因而可形成碳纳米管在电极间的搭接。

对不同电极宽度的场强分布进行了仿真计算，电极宽度较大时在电极间隙处获得了较均匀的场强分布；同时当电极宽度达到微米级时，随着电极宽度增加，场强幅值不会有较大的削弱。

比较了直径、长度和弯曲程度不同的两种碳纳米管在微加工制作的电极芯片上介电电泳效果。弯曲程度大且长度较小的碳纳米管没有实现单根碳纳米管沿电场方向跨电极的搭接，碳纳米管会以沉积的碳纳米管为电极，在对电极间形成桥连接，且对于单根碳纳米管，不易被介电电泳力拉直，碳纳米管取向性不好。而弯曲程度小且长度较大的碳纳米管形成了搭接两端电极的平行阵列。

分析了电压、电极宽度、电泳时间和电场模式对碳纳米管介电电泳组装效果的影响。其他参数一定，增加电泳电压或电泳时间，都会增加碳纳米管沉积密度；增加电极宽度较易在电极间实现碳纳米管平行阵列；采用交流或带直流偏置的交流电泳模式均可实现碳纳米管在电极上较好的定向定位排列。通过适当调节电泳参数条件，也可实现对其他一维纳米材料，如：单壁碳纳米管、碳纳米纤维、Bi_2S_3 半导体纳米线等的介电电泳定向定位组装。

将介电电泳与 LBL 结合制备了碳纳米管单层有序阵列的多层结构。碳纳米管沉积的层数超过 3 层时，较高电压的交流电场电泳会破坏电极污染碳纳米管；适当减少电泳电压可实现至少 5 层可数的碳纳米管的组装。

利用流体的剪切力和介电电泳的定向定位，提出了将流体与介电电泳结合组装碳纳米管的方法。通过选择流体和电泳参数，流体结合直流或带直流偏置的交流电泳可实现较好的碳纳米管排列组装。与介电电泳组装相比，结合流体能减少碳纳米管之间的粘连，起到梳理拉直的作用，并提高了组装效率；与流体组装相比，结合介电电泳可实现碳纳米管在指定位置的组装。

5 面向 NEMS 器件的电接触性能研究

对碳纳米管施布电极引线是基于碳纳米管的纳器件制造过程中的重要环节。引线接触特性的好坏直接影响器件的性能。本章介绍了两种引线接触制作方式，对接触可靠性、接触改善和电接触特性进行了实验研究，并对后处理改善接触的机理进行了定性分析。

5.1 电接触的理论分析

两个表面接触时，并不是两个面完全接触，表面的一部分并不接触，而实际接触的部分在表面之间会有力学作用和反应。由于外界物体使之不完善的接触称为阻碍接触，因为在这样一种接触中，通过这种外界物体作为媒介物，使机械力从一个表面转移至另一个表面。在没有外界物体时，一种完善接触可由在两个表面之间具有有限间隙时长程分子力形成，称为紧密接触，或者由强的多的短程分子力，称为真实接触。具有不同费米能级的两种材料接触时，自由载流子从一种材料流向另一种，直到平衡条件建立为止。这样一种载流子净流动将在界面的一侧形成正空间电荷，在另一侧形成负空间电荷，构成偶电层。通常将这个偶电层称为势垒，偶电层两端的电势称为接触电势[92]。

金属与 N 型（或 P 型）半导体接触，如果金属的功函数大于（或小于）N 型（或 P 型）半导体的功函数，则在接触界面形成一个势垒，称为肖特基势垒。当金属一边偏置为正时，将有更多的热电子越过势垒；反之当半导体一边偏置为正时，能越过势垒的热电子减小，它是多数载流子的行为[93]。当该势垒起重要作用时，称为肖特基接触。另一种接触方式称为欧姆接触，欧姆接触的重要特征是接触部分的电压降与器件，或者样品的电压降相比必须是可以忽略的，即它的电流-电压特性由半导体样品的电阻确定，或由器件的特性确定，而不由接触确定。如果接触电阻与样品或器件的电阻相比很小，那么接触本身的电流-电压特性是否呈线性不重要。一个很好的欧姆接触比电阻（电阻乘以面积）应该小于 $10^{-7}\Omega\cdot m^2$，比电阻 R_c 可以通过测量半导体上厚度为 t、电阻率为 ρ、直径为 d 的圆形接触的总电阻求得，总电阻 R_{tot} 由下式给出：

$$R_{tot} = \frac{\rho}{\pi d}\tan^{-1}\left(\frac{4t}{d}\right) + \frac{4R_c}{\pi d^2} + R_0 \tag{5-1}$$

式中，R_0 为背面接触的电阻[94]。

多壁碳纳米管与金属表面的接触间隙通常包括空气层、金属氧化物绝缘层等。由于金属中电子的能量比空气间隙中的自由电子的能量低，空气间隙起了隧穿势垒的作用。另外，多壁碳纳米管被认为是金属性的，且比表面积大，与金属接触的结构实际上是两个导体间夹一层很薄的势垒层的夹心结构。该模型即电子隧穿势垒的模型-隧道结，且为金属-绝缘层-金属结（MIM）。

当电子或其他微观粒子从势垒的一边入射时，即使动能小于势垒的高度，它们仍然可以出现在按照经典力学是禁戒的势垒区域并穿过势垒区，这种现象即为隧穿效应[94]。1982年，Binning 和 Rohrer 等人首次观测到了金属-空气隙-金属结构中的隧穿电流[95]。他们测得隧穿电阻和隧穿电流对探针与被检测表面间的有效真空间隙宽度的变化曲线，并实验显示了隧穿电流对空气间隙宽度的依赖关系。Tersoff 和 Hamann 将探针模型化成半径 R，球心在 r_0 的局域球形势阱，阱底与金属试样表面的最近距离为 d，采用转移哈密顿法导出了 STM 的探针与金属表面间的隧穿电流公式，并得到隧穿电导的表达式[96~97]：

$$\sigma \approx 0.1 R^2 e^{2kR} \rho(\gamma_0, E_f) \tag{5-2}$$

$$\rho(\gamma_0, E_f) = \sum_\nu |\psi_\nu(\gamma_0)|^2 \delta(E_\nu - E) \tag{5-3}$$

$$|\psi(\gamma_0, E_f)|^2 \propto e^{-2k(R+d)} \tag{5-4}$$

式中，σ 为隧道电导；k 为金属表面波函数在真空中的最小衰减长度的倒数；ψ_ν 为表面波函数；$\rho(\gamma_0, E_f)$ 为费米能级 E_f 上的表面局域态密度，即费米能级上态的电荷密度。结合式（5-2）、式（5-3）和式（5-4）可知：

$$\sigma \propto e^{-2kd} \tag{5-5}$$

即隧穿电流随探针与试样表面的间距 d 的增加按指数关系迅速减少。

从 MIM 结的各种理论模型所得的 I-V 特性的共同点是小偏压（<100mV）时是线性的，而高偏压时是指数性的[98]。

将长度微米级的碳纳米管等效简化为由多个半径为 R 的纳米级小球串联而成，碳纳米管的长度 L 与半径 R 相比所得的数值即为构成整个碳纳米管的纳米级小球的个数 N。近似将与金属接触的部分碳纳米管沿长度方向离散成 N_c 个针尖与试样表面接触的模型，针与试样表面接触的模型见图5-1。对于与金属表面接触的那部分碳纳米管，认为各离散单元与金属表面形成的接触电阻并联连接，则总电导为各离散单元的隧道电导之和，且求和区间为碳纳米管与金属的接触长度包含的接触单元个数 $N_c = L_c / R$。

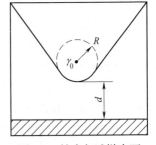

图 5-1 针尖与试样表面接触的模型化

$$\sigma_{cnt/M} = \sum_{i}^{N_c = L_c/R} \sigma_i \qquad (5\text{-}6)$$

综合式（5-5）和式（5-6）可知，碳纳米管与金属接触部分的隧道电导随着两者间隙的减小或者接触长度的增加而增大。若选择稳定性好，不易被氧化的金属作为接触电极时，绝缘层主要由多壁碳纳米管与金属接触间隙中所包含的空气及其他分子组成，通过高温脱附后处理方法，能在一定程度上减小接触间隙，从而增大隧穿电导，达到改善接触的目的。

5.2　碳纳米管金属引线制作方法

基于碳纳米管的纳器件制作通常包含碳纳米管组装和引线制作两部分，碳纳米管组装有生长组装和生长后外力驱动组装两种方法。引线制作方法也主要分为两类：一类是碳纳米管沉积在金属电极上，依靠范德华力或静电力作用实现接触，见图 5-2；另一类是金属图形化淀积在碳纳米管上形成电极，见图 5-3。

图 5-2　碳纳米管沉积在金属电极上

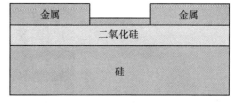

图 5-3　金属电极包覆碳纳米管

碳纳米管沉积在金属电极表面的接触制作分为两步：首先通过微加工制作带有微电极的芯片；然后通过外力驱动生长后的碳纳米管在金属电极上沉积，或者通过在电极上淀积图形化催化剂，高温炉中直接生长碳纳米管。直接在电极上生长碳纳米管的高温条件和催化剂杂质颗粒对纳器件制造有较大影响，其工艺有待进一步完善。而通过外力驱动生长后的碳纳米管沉积，操作简单，条件容易控制。碳纳米管具有很大的比表面积，与电极间存在较大的范德华力；另外，经过酸化处理，碳纳米管表面接上了带电荷的羧基基团，存在静电吸引力，因而可实现可靠接触。但是，碳纳米管与电极的接触处暴露在空气中，空气中的水分、气体、粉尘等会影响电信号引出的可靠性。

金属图形化包覆碳纳米管形成电极主要分为以下几个步骤：在芯片上组装碳纳米管，金属溅射和光刻图形化金属层。不同的金属由于功函数和延展性的不同，与碳纳米管的接触状态有肖特基接触和欧姆接触之分。碳纳米管与二氧化硅硅片表面通过化学键连接，而金属包覆碳纳米管同时与二氧化硅表面粘接，接触可靠。但金属图形化过程中条件参数控制相对较复杂，而且金属淀积可能会影响碳纳米管的特性。

5.3 金属电极上沉积碳纳米管的接触特性研究

5.3.1 振动破坏实验验证接触可靠性

5.3.1.1 振动实验装置

碳纳米管通过介电电泳在金属电极间组装，构成金属-碳纳米管-金属结构。其中基底为热氧化一层厚度为40nm二氧化硅的硅片，表面金属电极为厚度4nm/80nm的Cr/Au。振动实验的装置由激振器、功率放大器、加速度计和Keithley 237电流计构成，见图5-4。样品的金电极表面通过压焊引出后与电流计连接。微加速度计安装在振动平台一侧，并经过标定。

将样品固定在振动平台上，调节振动频率和控制电流以调节输出加速度的大小，并由加速度计实时显示。以不同的加速度在垂直和平行于样品表面方向振动，用电流计监测振动过程中和振动后样品的电阻变化，同时在电镜下观察振动前后的碳纳米管形貌及分布。实验所用加速度范围为1~15g，加振时间为10min。

5.3.1.2 加速度1~10g垂直方向振动对接触的影响

样品1分别在振动前和加速度分别为1g、3g、5g、8g、10g的振动后，施加相同的直流电压1V，测量样品的电流，见图5-5。电流的最大变化率为0.6%，换算成电阻变化率为0.64%。

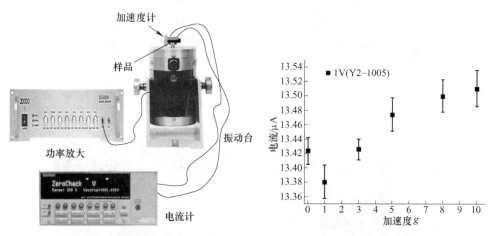

图5-4 振动测试电接触可靠性实验装置　　图5-5 样品1在不同加速度振动后的电流值

样品2分别在振动前、1~8g加速度振动中及振动后，对样品电流进行了测试，见图5-6，电流的最大变化率为1.6%，换算成电阻变化率为2.3%。考虑测量误差，样品在1~10g的加速度范围内的垂直上下振动后，电接触状态基本没有变化。

　　将振动前后的样品用扫描电镜观察，见图 5-7 和图 5-8。由图 5-7、图 5-8 可知，碳纳米管的形貌及分布在振动前后均无变化。

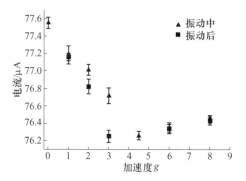

图 5-6　样品 2 在不同加速度振动中和振动后的电流值

图 5-7　样品 1 在 10g 加速度内振动前后的碳纳米管形貌及分布 SEM 照片

a—样品 1 垂直方向振动前；b—样品 1 垂直方向振动后

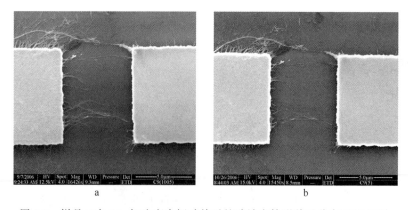

图 5-8　样品 2 在 10g 加速度内振动前后的碳纳米管形貌及分布 SEM 照片

a—样品 2 垂直方向振动前；b—样品 2 垂直方向振动后

5.3.1.3 加速度大于 10g 的振动对接触的影响

对样品 3 和样品 4 进行了以 15g 加速度垂直方向上下的振动实验。在振动前两天和 10min 前以及振动后，对样品的伏安特性进行了测试。振动前两次测试的伏安特性曲线基本重合，但振动后的伏安曲线与振动前相比有急剧变化，见图 5-9 和图 5-10。样品 3 在振动后电流增加，总电阻减小，样品 4 则振动后电流减小，总电阻增加。碳纳米管与金属电接触受较大加速度的垂直方向振动影响明显，且对接触的影响具有随机性。

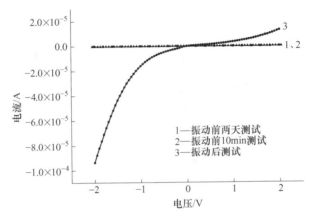

图 5-9 样品 3 在 15g 加速度下振动前后伏安曲线

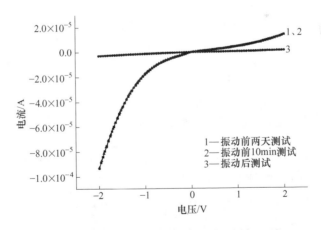

图 5-10 样品 4 在 15g 加速度下振动前后伏安曲线

样品 3 振动前，测量金属-碳纳米管-金属结构的伏安特性，然后扫描电镜观察，见图 5-11a；振动后，测量其伏安特性，然后扫描电镜观察碳纳米管分布，见图 5-11b。同样，扫描电镜下观察样品 4 的碳纳米管分布，见图 5-12a、b。见图 5-11，样品 3 振动后在电极上施加与振动前相同的测试电压，碳纳米管本身形貌和金属电极无变化。而样品 4 的碳纳米管形貌基本无变化，但金属电极烧坏，见图 5-12。我们推测是由于振动后，对于样品 4，碳纳米管与金属电极的接触电阻增大，与振动前测试相同的电压下，接触处产生大量热将金属电极烧坏。这与振动后进行伏安特性测试时，相同电压下电流大幅减小的结果相吻合。

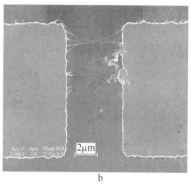

图 5-11　样品 3 在 15g 加速度振动前后完成伏安特性测量厚的碳纳米管 SEM 照片

a—样品 3 振动前伏安特性测量后；b—样品 3 振动后伏安特性测量后

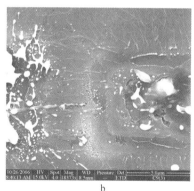

图 5-12　样品 4 在 15g 加速度振动前后完成伏安特性测量厚的碳纳米管 SEM 照片

a—样品 4 振动前伏安特性测量后；b—样品 4 振动后伏安特性测量后

对样品以 15g 加速度沿与碳纳米管平行的水平方向振动 12min，观察振动前和振动后的碳纳米管分布 SEM 照片见图 5-13，其形貌及分布状态没有任何变化。其中，振动后电极上的滑痕为人为损坏。测试振动前后样品总电阻，其变化率为 30%。总的来说，当以较大加速度沿水平和垂直方向振动样品时，碳纳米管与金属的接触特性均有较大的变化，但水平方向振动引起的接触变化较小。

为了观察加速度大于 10g 的垂直振动对接触影响的经时变化，分别以 12g 和 15g 加速度垂直方向振动样品，对样品振动后的伏安特性进行了监测。为避免振

图 5-13　样品在 15g 加速度水平方向振动前后碳纳米管的 SEM 照片

a—样品振动前的碳纳米管分布；b—样品振动后的碳纳米管分布

动后由于接触变差，测试过程中破坏金属电极的现象出现，减小测试电压至 1V。图 5-14 为样品振动前、振动后 10min、5 天、11 天后的伏安特性曲线。振动后样品电阻增加，随着时间的延长，电阻有回复减小的趋势，但在实验时间内未恢复到振动前状态。

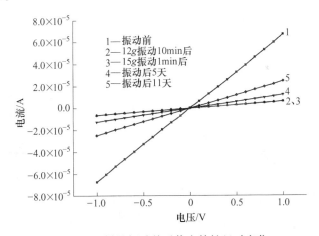

图 5-14　样品振动前后伏安特性经时变化

5.3.2　高温退火改善接触研究

5.3.2.1　高温退火实验

碳纳米管与金属电极之间的接触处暴露在空气中，受环境影响较大。探索利用高温退火改善接触特性，以获得较好电接触的金属-碳纳米管-金属结构。高温炉的温度范围 0~1000℃。实验中采用直径为 10~20nm，长度 6~15μm 的多壁碳纳米管,通过介电电泳的组装方法在对电极上搭接。本次实验中在对电极上施加峰峰值为 20V,频率为 10M 的交流电压 4min,形成金属-碳纳米管-金属结构,见图 5-15。

图 5-15　高温退火所用金属-碳纳米管-金属结构 SEM 照片

分别设置温度 200℃、300℃和 400℃,待高温炉内升至预定温度且稳定后,将样品放入炉中恒温 1h。然后取出样品,待其自然冷却到室温后再次测量伏安曲线。

样品 1 退火前测量其平均电阻值为 190kΩ,在 300℃下退火后测得其电阻为 71.2kΩ,减小到退火前电阻的 1/3,且伏安曲线的线性度增加,见图 5-16。样品 2 在 400℃下退火,退火前电阻为 100kΩ,退火后为 13.3kΩ,减小到退火前电阻值的 1/8,见图 5-17。

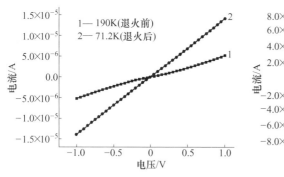
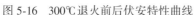
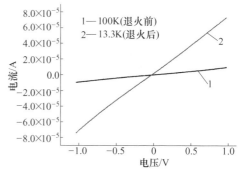

图 5-16　300℃退火前后伏安特性曲线　　图 5-17　400℃退火前后伏安特性曲线

样品 3 在退火试验前测得其平均电阻为 94.2MΩ,放置于 200℃高温炉中退火,干燥环境下放置 18h 后测量其平均电阻为 1.3MΩ,在室温下重复测量样片的伏安特性。见图 5-18,放置 92h 后电阻为 1.935MΩ,放置 186 小时后测量其电阻为 1.943MΩ,其平均电阻在退火过程完成后电阻较退火前减小了约 80 倍,但随着样品放置时间的增加电阻增大。样品 4 在 400℃退火后放置 2.7h,电阻由退火前的 54kΩ 减小到 30.6kΩ,放置 94h 后测量其电阻为 32.1kΩ,放置 188.5h 后电阻增加到 33.4kΩ，见图 5-19。但在实验时间范围内，放置较长时间后的样品电阻均小于退火前的电阻值。

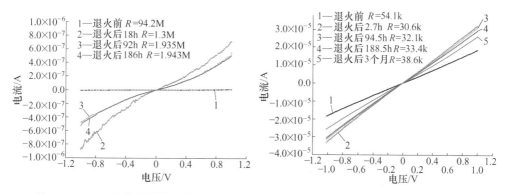

图 5-18　200℃退火后的伏安曲线变化　　图 5-19　400℃退火后的伏安曲线变化

另取样品在 300℃高温炉中恒温 30min，待自然冷却后测量其伏安特性曲线；再恒温 60min，自然冷却后测量；再恒温 90min，自然冷却后测量，得到经历不同退火时间后的伏安曲线。图 5-20 显示，退火前其平均电阻为 50.3kΩ，将该样品置于 300℃的高温炉内恒温 30min，待其自然冷却后，测得平均电阻为 9.9kΩ，然后将样品重新置于 300℃的高温炉内恒温 60min，自然冷却后测量得电阻为 3.3kΩ，最后将该样品置于 300℃的高温炉内恒温 90min 后退火自然冷却，测量样品电阻为 2.6kΩ。样片的总电阻随着退火时间的延长逐渐减小。

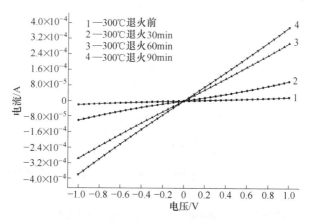

图 5-20　300℃下退火 30min、60min 和 90min 后的伏安曲线

5.3.2.2　实验结果分析

图 5-16、图 5-17、图 5-18 显示，样品在 200℃、300℃和 400℃下退火 1h，自然冷却后，总电阻均有不同程度减小，金属电极与碳纳米管之间的电接触特性得到较大改善；由图 5-18、图 5-19 可知，样品在退火后，随着时间推移接触电

阻又慢慢变大，但在较长的时间范围内，接触特性仍然较退火前好。

金属-碳纳米管-金属结构的总电阻 R_t 可表示为：

$$R_t = R_s + R_{c1} + R_{c2} \tag{5-7}$$

式中，R_s 为碳纳米管自身电阻；R_{c1} 为碳纳米管与一个电极接触处的接触电阻；R_{c2} 为碳纳米管与另一个电极的接触电阻。样品高温退火后，其总电阻的改变量 ΔR_t 由碳纳米管自身电阻的变化 ΔR_s 和两个接触电阻的总变化量 ΔR_c 两部分组成。

多壁碳纳米管通常被认为是金属性碳纳米管，不同的生长方式和直径尺寸的碳纳米管电阻有较大差别，但理论计算和大量研究者的实验证明其电阻大多在 kΩ 量级[99]，而实验测得的总电阻至少为几十千欧姆以上，可知金属与碳纳米管之间的接触电阻大于碳纳米管自身电阻。同时，实验中退火前后电阻值大小产生量级变化。因此，考虑样品总电阻的改变 ΔR_t 主要是由于接触电阻的变化 ΔR_c 产生。总电阻减小表明了接触电阻相应减小，即金属电极与碳纳米管的电接触特性得到改善。

金属的真实表面会有吸附层、氧化层和一定粗糙度。碳纳米管与金属的接触主要依靠范德华力。我们所选择的表面电极为金，因为金的抗氧化性较强，不能或很少产生气体化学吸附，以可逆的物理吸附为主。由于碳纳米管具有较大比表面积，且为金属性，多壁碳纳米管与金属接触实际上为夹一层很薄的空气隙势垒层的夹心结构，即金属-绝缘层-金属（MIM）隧道结。基于本章前述的多壁碳纳米管与金属表面接触的物理模型，其隧道电导即反映了两者的接触电导，且近似表示为：

$$\sigma_{cnt/m} = \sum_i^{N_c = L_c/R} \lambda e^{-2kd_i} \tag{5-8}$$

式中，λ 为正比系数；d_i 为各离散单元的接触间隙；L_c 为接触长度；N_c 接触单元的个数。代入式（5-7）可得：

$$R_t = R_s + 1 \Big/ \left(\sum_i^{N_{c1} = L_{c1}/R} \lambda \varepsilon^{-2kd_i} \right) + 1 \Big/ \left(\sum_i^{N_{c2} = L_{c2}/R} \lambda \varepsilon^{-2kd_i} \right) \tag{5-9}$$

式中，L_{c1}、L_{c2} 和 N_{c1}、N_{c2} 分别表示接触电阻为 R_{c1}、R_{c2} 的接触处的碳纳米管长度和离散接触单元个数。

隧道电导与接触间隙的关系曲线为指数关系，见图 5-21。接触状态的改变主要是由于金电极与碳纳米管接触处的气体、水汽、电泳时的溶剂等物理吸附物在高温下脱附，使金属与碳纳米管的接触面接触紧密，即接触间隙减小。相同的接触长度时，接触间隙减小 Δd，则隧道电导变化率达 $e^{2k\Delta d}$。

退火过程中脱吸附引起的接触间隙改变，导致隧道电导呈指数增大，即接触电阻 ΔR_c 减小。因此，退火后总电阻 ΔR_t 减小。碳纳米管自身在退火过程中也会

发生脱附和吸附过程，且具有负温度效
应，温度升高，电阻减小，但当温度恢复
到室温时，电阻又趋于恢复到高温前的
电阻。

　　样片在放置一段时间后，新的物理吸
附过程又会在碳纳米管与金属电极接触处
产生，接触间隙即势垒层增加，隧道电导
减小，接触电阻增大。因此，总电阻增
加。但是，由于新的吸附物无法顺利的进
入碳纳米管与金属接触紧密处，虽然物理

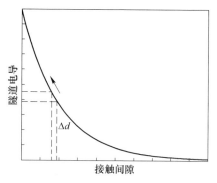

图 5-21　隧道电导与接触间隙的关系曲线

吸附可逆，但是在较长试验时间内，电阻仍然小于退火前的电阻值，接触特性较
退火前好。当延长退火时间，样片总电阻减小。这是由于退火时间增加，脱吸附
更充分，碳纳米管与金属接触更紧密，因此接触特性有更大改善。

5.4　图形化金属包覆碳纳米管的引线接触研究

5.4.1　金属选择

　　接触电势定义为使两种不同材料接触完善时在它们之间产生的电势差，它大
体等于两种材料功函数之差。因此，电接触的类型与材料自身的功函数密切
相关。

　　Zhao[100]通过第一性原理对单根碳纳米管以及碳纳米管管束的功函数进行了
计算。对于碳纳米管管束，其功函数与石墨的功函数相近，即 5eV，而且基本不
随管径、手性变化。Shiraishi[101]利用紫外光电谱（UPS）、Gao[102]利用透射电
子显微镜（TEM）等对碳纳米管的功函数进行了测量。结果显示，多壁碳纳米管
的功函数比石墨的功函数小 0.1~0.2eV，而单壁碳纳米管管束的功函数略大。此
外，Kuttel[103]测得多壁碳纳米管膜的功函数约 5~5.3eV。但是需要说明的是，
由于碳纳米管局部几何结构的不确定性，造成了功函数实验测量中的不确定因
素。同时，不同制备方法和处理方法得到的碳纳米管不同的表面状态也会对功函
数的测量造成影响。一般认为碳纳米管具有与石墨相同的功函数，即 $\phi = 5eV$。

　　金属的功函数反映了电子在费密能级和真空能级之间的势垒差。它依赖于晶
体的结构和表面条件，金属的内聚能越高，功函数就越高。另外，由于表面的杂
质原子活分子的吸附或吸收层，功函数会发生明显的变化。对于污染的金属表
面，中性的或离子状态的杂质原子的吸附层会明显改变表面势垒，从而使金属的
功函数上升或下降 2eV 以上。由于不同金属具有不同的功函数和导电性，且表面
稳定性不同，因此与碳纳米管形成的接触势垒会有较大差别。表 5-1 为电路接触

或微加工中几种常用金属材料的物性。

表 5-1　几种金属的物性列表

类型	功函数/eV	熔点/沸点/℃	其　他
银（Ag）	4.26	961.93/2213	导电性良好，易氧化
铝（Al）	4.28	660	高导热，易氧化
铬（Cr）	4.6	1800/2672	空气中稳定
钛（Ti）	4.33	1668/3260	导热导电性差
钯（Pd）	5.12	1552	氧化吸氢
金（Au）	5.1	1064.43/2857	导电性好，不易氧化
铂（Pt）	5.65	1769/3827	良好延展性

　　Ag、Al 等金属易被氧化，当金属-碳纳米管-金属结构暴露在空气中或在高温炉中退火后，与碳纳米管接触的金属表面钝化，阻碍电子的传导，不易获得欧姆接触。Al 为微加工中常用的电极金属。采用介电电泳方法在 Al 对电极上沉积碳纳米管，见图 5-22。在该结构的两端电极上施加 5V 恒压 1min，重复四次，监测伏安曲线变化。

图 5-22　单根碳管搭接铝对电极 SEM 照片

　　Al 表面通常是一层自然氧化的氧化铝，不易导电。如图 5-23 所示，曲线右侧标出的序号分别表示施加恒压的次数。第一次施加恒压后测量，铝-碳管-铝结构的导通电流很微弱。仅为皮安量级；第二次施加恒压后测量，导通电流迅速增加至微安量级（2）；第三次重复试验后，电压小于 4V 时，导通电流在第二次基础上继续增加（3），且伏安曲线由弯曲变为线性；第四次后电流迅速减小，恢复为弯曲的伏安曲线（4）。一段时间后测量，导通电流大小回复到皮安量级。

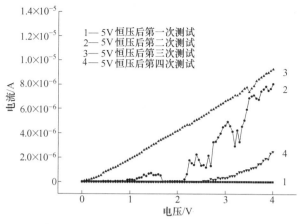

图 5-23 恒压加热后铝-碳管-铝的伏安曲线

导通电流变化的原因：当对电极上施加恒压一定时间，电极产生焦耳热，导致气体等吸附物脱附。同时，测量过程中将薄层氧化铝击穿，因而测量的电流不断增加，线性度变好。此时，铝-碳管-铝呈导通状态，总电阻为兆欧级，重复多次施加恒压后，碳管与接触处的电阻较大，产生的大量焦耳热使接触的铝表面被再次氧化。因此，一段时间后测量，几乎无导通电流。另外，Al 熔点较低，不能通过高温退火来改善接触。为制作稳定可靠的引线接触，我们选用不易被氧化和熔点较高的金属作为包覆电极，如 Au、Pd、Cr 和 Ti 等。其中，Ti 在碳纳米管表面具有很好的润湿性，而 Au 具有很好的延展性。

两种不同材料接触时，功函数大小是影响两者电接触类型的关键因素。选择功函数分别大于、接近和小于多壁碳纳米管的金属，如 Pd（5.12eV）、Al（5.10eV）和 Ti（4.33eV）进行比较。

5.4.2 金属引线电极制作

5.4.2.1 电极图形及工艺设计

金属电极的制作是在排列好碳纳米管的二氧化硅表面进行的，若采用 Lift-off 工艺，先进行甩胶后沉积金属，高速旋转的甩胶台带动光刻胶在基片上粘性流动，会破坏碳纳米管的排列。因此，我们选用湿法腐蚀工艺进行微电极制作。如图 5-24 所示，湿法腐蚀制造金属引线电极的步骤如下：首先在排列有碳纳米管阵列的二氧化硅表面溅射金属层；然后金属表面旋涂正型光刻胶，光刻并显影；最后腐蚀金属，去掉光刻胶。为同时获得多个金属-碳纳米管-金属结构，掩膜板图形上设计多个对电极阵列，见图 5-25。

采用磁控溅射镀膜机溅射厚度为 80nm 的金属层。将该样品固定在匀胶台上，选用 BP-212 正型光刻胶，设定第一转速 600r/min 旋转时间 30s 和第二转速 4000r/

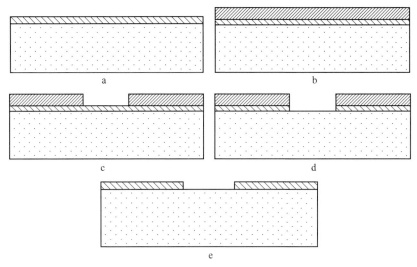

图 5-24　金属引线制造工艺过程示意图

a—溅射金属；b—甩胶；c—光刻图形化；d—金属腐蚀；e—去胶

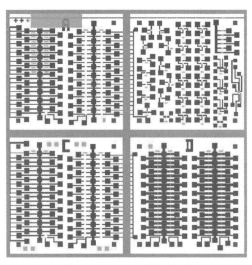

图 5-25　电极掩膜板图形

min 旋转时间 90s 后，匀胶机将光刻胶均匀旋涂在金属表面；设定温度 120℃ 烘培 2min，使光刻胶中的有机溶剂蒸发后可靠黏附。采用 JB-VIII 型 4 寸掩膜对准曝光机，光刻精度为 1μm。固定掩膜板并与样品对准，经过多次实验发现，对于本实验中的光刻胶类型和厚度，曝光时间 30s 和显影时间 20s 时可获得较好的图形。其中，显影液为浓度 0.5% 的氢氧化钠溶液。以上整个过程均在暗室中完成。

最后，将显影完毕的样品用去离子水清洗，然后放入烘箱中以 120℃ 烘培 1h

后备用。

5.4.2.2　金属腐蚀

金属钯的腐蚀液采用质量浓度 20% 的 $FeCl_3$ 溶液。碘化钾（KI）、碘（I_2）和去离子水以 10：5：85 的质量比配置成金的腐蚀液。当以氨水、双氧水和去离子水以配比 1：1：3 配置的腐蚀液腐蚀钛时，反应速度迅速，产生大量气泡。其过程不易控制，电极最小间隙无法保证。配置浓度 40% 的浓硫酸稀释溶液为钛的腐蚀液，浓度较低或较高的硫酸与钛反应速度均很慢。为保证实现 $2\mu m$ 的电极最小间隙，需准确控制腐蚀时间。多次实验得到，室温下，钯、金和钛的最佳腐蚀时间分别为 50s、10s 和 30min。

将腐蚀结束的样品取出，用去离子水清洗，然后反复浸入丙酮中超声清洗去掉光刻胶。最后将样品烘干。制作的金电极、钛电极和钯电极包覆碳纳米管结构的 SEM 照片分别见图 5-26、图 5-27 和图 5-28。由图 5-28 可知，湿法腐蚀金属钯形成的钯电极包覆碳纳米管，其电极间隙内，碳纳米管与钯接触处的钻蚀现象严重，没有形成良好的接触。

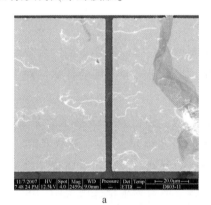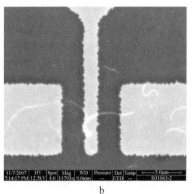

图 5-26　金电极包覆碳纳米管的对电极结构（a）和三电极结构（b）

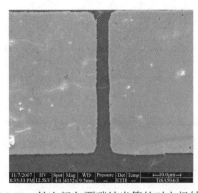

图 5-27　钛电极包覆碳纳米管的对电极结构

图 5-28 钯电极包覆碳纳米管的对电极结构

5.4.2.3 接触状态比较

通过碳纳米管排列、金属溅射和光刻图形化过程，制作了多个金属包覆在碳纳米管上的金属-碳纳米管-金属结构。为比较不同接触类型的优劣，对每种接触类型 10 个结构的接触电阻进行测量和统计。

首先用 Keithley 电流计测量结构的总电阻。由于多壁碳纳米管是金属性的，相对于所测得电阻较小，因此忽略碳纳米管自身电阻，金属-碳纳米管-金属结构的总电阻等于碳纳米管与两端电极的接触电阻之和。同样，设每根碳纳米管与金属的接触电阻相等，且多根碳纳米管的接触总电阻为单根接触电阻的并联。若结构总电阻为 R，从一端电极搭接到另一端的碳纳米管的数量为 N，则单根碳纳米管与金属电极的接触电阻用式 $Rc = R \times N/2$ 来估算。

对碳纳米管电泳沉积在金电极上（A 型），金电极包覆碳纳米管（B 型）和钛电极包覆碳纳米管（C 型）三种接触类型，分别取 10 个样品进行了总电阻测试和接触电阻的估算，接触电阻平均值和分散性见图 5-29。B 型接触的接触电阻平均值和分散性最小，C 型其次，A 型的最大。其中，少量 A 型接触样品的接触电阻值超过 10M，而大部分接触电阻值小于 4M。插图为去掉 10M 以上接触电阻后三种接触类型的接触电阻分布。插图中，A、B 和 C 型接触的平均电阻分别为 1.86MΩ、0.062MΩ 和 0.92MΩ。三者相比较，金电极包覆碳纳米管的接触方式具有较好的接触。

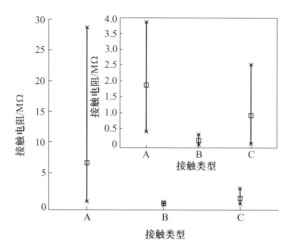

图 5-29 三种接触类型的接触电阻

A—碳纳米管电泳沉积在金电极上；B—金电极包覆碳纳米管；C—钛电极包覆碳纳米管

5.5 本章小结

基于电子隧穿效应的基本原理，以及碳纳米管与金属表面接触的模型，得到两者的接触间隙和接触长度是影响接触电阻的两个重要因素。这对碳纳米管与金属接触结构的制作和改善研究具有一定的指导作用。

我们试验了碳纳米管与金属电极接触的两种方式：电极上沉积碳纳米管，碳纳米管上包覆金属电极。

当碳纳米管沉积在电极上时，碳纳米管与金属电极依靠范德华力接触。由于碳纳米管的比表面积大，与金属能形成较可靠的接触，在 10g 以内的加速度振动下，碳纳米管与金属结构的电阻变化小于 2.3%；

碳纳米管与金属电极形成的金属-碳纳米管-金属结构，经过 200~400℃高温退火后，样品电阻减小至退火前电阻的一到两个量级，电接触特性改善。但退火改善的接触具有部分可逆性，将样片放置一段时间，电阻有增加的趋势，在 11 天的实验时间范围内，电阻相对退火后的电阻增加了约 10%~50%，但均小于退火前的电阻。基于隧道效应理论对高温退火引起接触状态变化机理进行了定性分析，主要是由于接触处的吸附物脱附和吸附使碳纳米管与金属接触间隙改变，从而改变接触。

制作了金属电极包覆碳纳米管的引线电极，比较了三种不同接触类型的接触状态，金电极包覆碳纳米管的接触方式具有较小的接触电阻平均值和分散性，接触状态比钛电极包覆碳纳米管和碳纳米管沉积在金电极上两种方式好，其接触电阻平均约为 0.062MΩ。

6 NEMS 传感器在空气环境检测中的应用

传统的环境微生物监测方法通常采用离线分析方法，分析速度慢、操作复杂、所需仪器昂贵，而且不适宜进行现场快速检测和连续在线分析。随着对生物传感器的研究，快速在线连续检测成为可能，它将生物信息经由敏感元件转变为光、电等信号，具有选择性好、灵敏度高、响应快以及体积小等优点。

6.1 NEMS 传感器应用于空气环境检测的研究进展

从纳米材料的新效应和新性质出发，可以实现新功能或突破常规器件的性能极限，实现具有新原理或高性能（如高灵敏度、低功耗、低噪声）的纳米器件和系统。在国内外基于纳米管/纳米线的生物传感器的研究中，主要采用纳米管/纳米线、纳米薄膜或硅纳米孔进行敏感检测。纳米材料经化学或生物识别分子修饰，在检测过程中发生化学生物键合，纳米材料的电导率发生改变，通过采集电信号的变化来反映被测对象的浓度，最终实现化学生物信息的敏感检测。纳米生物传感器按检测原理可分为光学传感和电化学传感等。

Vo-D imh 等人为检测 BPT 开发和确定了以抗体为基础的光学纳米生物传感器（BPT 是 DNA 遭受致癌物 benzo［a］pyrc2ne 的衍生物，被用来作为人类遭受 benzo［a］pyrcne 的指示物）[104]），制作光学生物传感器一般来说有三步。具体是拉伸和用银包被纳米纤维，以使光线能顺利传至另一端，使纤维上有抗体的结合位点，一旦抗体结合上，生物传感器便可检验抗体的固位和它们的灵敏度及检测范围。为了检测，可将纳米生物传感器放置在一个位于倒置显微镜上的微定位系统中，这一系统被用来放置光电倍增管（PMT）。纤维首先被 HeCd 激光发射器的 325nm 光线照射，再被放入浓度不断变化的 BPT 液中，这样测定便可以在显微镜上的 PMT 协助下进行了。该纳米生物传感器对 BPT 测定的范围大约是 3×10^{-19}mol。另外，通过细胞色素 c'和荧光标记的细胞色素 c'的荧光检测来检验氮氧化合物的纳米生物传感器，还包括以酶为基础的用谷氨酸胺脱氢酶为受体间接测定谷氨酸的纳米生物传感器[105]。

电化学检测生物传感器件的模型通常采用三电极式或者场效应三极管式。三电极式检测模型以经过修饰的纳米薄膜和石墨作为对电极，另一个石墨电极为参考电极。将三电极浸泡在被测物溶液中，被测物与纳米薄膜上的受体结合改变了薄膜自身电导，通过测量纳米薄膜电极与石墨电极，以及石墨电极间的电导，可获得纳米薄膜电导的变化量，从而检测被测物的浓度。另一种器件模型是场效应三极管，采用微电子工艺加工源电极，漏电极和门电极，以一维纳米材料连接源漏电极构成导电通道。通过对一维纳米材料的包被修饰，选择性的检测被测物，采集检测过程中电信号的变化得到被测物的浓度信息。由于场效应管模型基于微电子工艺，芯片集成度高，通过对一维纳米材料包被不同的修饰物，可同时检测多种生物。

M. -W. Shao 等人[106]采用三电极模型，以硼修饰的硅纳米线薄膜作为检测电极测量水溶液中的葡萄糖，镁修饰的薄膜检测水溶液中的双氧水。通过测量薄膜电极与石墨电极间的伏安特性曲线，计算薄膜电阻的变化量，获得水溶液中的被测物浓度。检测模型见图 6-1，相邻电极间隔 1.5mm。该传感器具有较宽的线性检测范围，葡萄糖浓度的线性检测宽度为 0 ~ 10mmol，具有较高的灵敏度 172nA/mmol，以及良好的重复性和长期稳定性。一些研究者通过在纳米线表面包覆

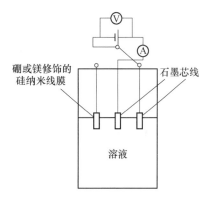

图 6-1　三电极检测模型示意图

金属纳米粒子作为检测电极的方法，获得良好的线性度和高灵敏度。Ming-Wang Shao 等人[107]制备长度大于 2mm，平均直径 35nm 的硅纳米线阵列作为检测电极，在硅纳米线表面包覆高密度的金纳米颗粒，采用循环伏安计检测 BSA 的浓度，灵敏度高和可重复性好。Kun Yang 等人[108]通过化学修饰的金纳米颗粒功能化硅纳米线作为检测电极，检测 PBS 缓冲液中的 GSH 浓度，文献中提出硅纳米线表面包覆金纳米颗粒后，吸附和导电能力增强，从而提高了响应速度和灵敏度。

用纳米管/纳米线作为检测电极检测微生物已取得了较大的研究进展。NASA CICT 计划［www. cict. nasa. gov］将制备碳纳米管阵列用来检测 DNA。纳米管阵列比目前的电化学生物传感器灵敏上千倍。可同时检测多个目标，而且样品的准备过程非常容易，且不需要标记，见图 6-2。

基于一维纳米材料的场效应三极管生物传感器，以纳米线/纳米管作为导电通道，微电子工艺加工制作器件的电极和基体结构。所采用的纳米材料具有半导体性，通过改变场效应管的门电极可改变电导率。常用的一维纳米材料有碳纳米管、硅纳米线以及化合物纳米线。碳纳米管具有半导体性或金属性，硅纳米线通过硼或磷掺杂，可获得 P 型或 N 型半导体纳米线，而化合物纳米线通常呈现典型的半导体特性。纳米线/纳米管生物传感器可用于检测酶、大分子、免疫检测和 DNA 检测等。Hye-Mi So 等人[109]采用单壁碳纳米管的场效应三极管器件，通

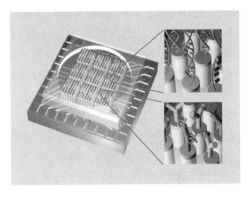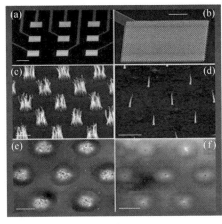

a   b

图 6-2 基于碳纳米管纳米电极阵列的超灵敏复合电子生物传感器（a）和
纳米电极阵列的扫描电镜照片（b）

过在碳纳米管上修饰凝血酶适体，水中加入一定浓度的凝血酶，器件电导迅速减小，域值电压右移。与其他蛋白酶无此现象发生，见图 6-3。获得较高的灵敏度，且最小检测浓度达到 10nMol。Koen Besteman 等利用半导体单壁碳纳米管场效应三极管传感器检测葡萄糖氧化酶[110]。通过在碳纳米管上的酶连接分子固定氧化酶，实时测量单壁碳管在溶液中随着葡萄糖氧化酶固定过程中的电导减小。包被有葡萄糖氧化酶的碳管电导随着葡萄糖的加入产生变化表明，可由单根单壁碳管构成单个分子级别的酶活性传感器。

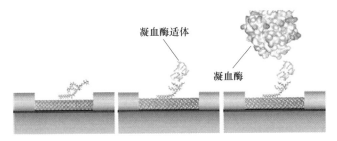

图 6-3 单壁碳纳米管 FET 检测凝血酶

Cui 等人利用硼掺杂的硅纳米线制造出了高灵敏度和实时电学检测生物化学物质的传感器，见图 6-4。化学功能化修饰的硅纳米线的电导，在较大的动力学范围内，与 pH 呈线性关系。硼掺杂的硅纳米线被用来检测链酶抗生素蛋白的最小浓度可达 pM。另外，抗原修饰的硅纳米线呈现可逆的抗体键合和实时浓度监测，且实现可逆结合的代谢指示剂 Ca^{2+} 的检测。用于高灵敏度，免标记和实时检测较宽范围化学生物物质的半导体纳米线有望开发成阵列筛选和体内诊断[111]。

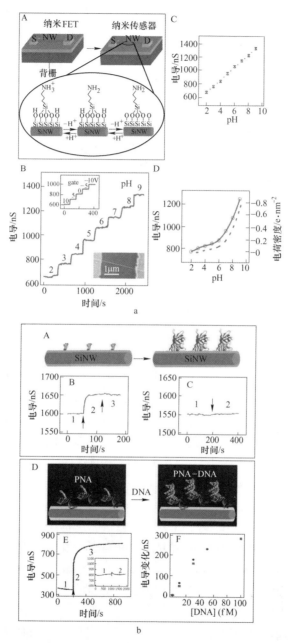

图 6-4 高灵敏度和实时电学检测生物化学物质传感器示意图

a—硅纳米线那传感器检测 pH 值：A—用于检测 pH 值的纳米线传感器上的纳米线
场效应三极管示意图；B—APTES 修饰的硅纳米线 pH 值传感器的电导实时监测；
C—pH 值与电导关系曲线；D—未修饰的硅纳米线电导与 pH 值关系；
b—实时检测蛋白质和 DNA：A—抗体修饰的硅纳米线和后续链酶抗生素蛋白键合到修饰表面的示意图；
B—抗体修饰硅纳米线的时间与电导的曲线；C—未修饰的硅纳米线的时间与电导关系；D—硅纳米线传感器
表面修饰 PNA 受体的示意图；E—硅纳米线 DNA 检测；F—DNA 浓度与电导的关系

　　Alexander 等人利用碳纳米管场效应三极管器件作为检测蛋白质的结合[112]。PEI/PEG 聚合物覆盖层用来避免非特异性连接。黏附的生物素可实现特定的分子识别。生物素-链酶抗生素蛋白结合会导致器件电特性的变化，见图 6-5。

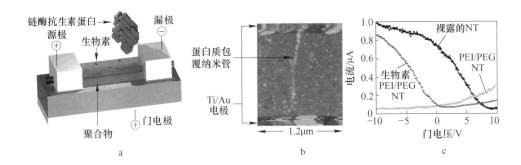

图 6-5　生物素-链酶抗生素蛋白结合导致器件电特性变化图

a—纳米管场效应三极管示意图；b—聚合物覆盖和生物素包被的纳米管场效应三极
管器件暴露在金纳米粒子标记的链酶抗生素蛋白后的 AFM 照片；c—在 PEI/PEG 聚合物覆盖
和生物素链接到聚合物层后，典型器件的门电压与源漏电流之间的关系

　　Raquel A. Villamizar 等人基于单壁碳纳米管作为导电隧道的场效应三极管，实现了快速且选择性的检测沙门氏菌[113]，相对于传统的生物酶联免疫和基因扩增方法可实现更快速灵敏检测。采用铝电极作为门电极，碳纳米管在硅片上通过化学气相沉积生成。将器件浸入包含抗沙门氏菌抗体的缓冲溶液中一个小时后，蒸馏水清洗后干燥，检测不同浓度的沙门氏菌时电流随门电压的变化曲线。最小检测浓度可达 100cfu/ml。对比采用功能化抗体的器件检测志贺氏菌和酿脓链球菌可发现，该器件可实现选择性检测沙门氏菌。

　　Fernando Patolsky 等人[114]研究纳米线场效应器件用于单个病毒的实时检测，见图 6-6。用硼掺杂的 P 型硅纳米线为导电隧道，病毒溶液流经器件上的柔性聚合物微流体通道，采用锁相放大器检测器件电导的变化。研究结果发现，对同一个器件上的两根纳米线同时包被甲型流感病毒抗体，跟踪检测病毒过程中电导时间变化曲线，电导跌落的幅值和持续时间几乎相同；电导跌落事件的频率与溶液中病毒的浓度成正比。另外，研究中对同一器件阵列上的两根纳米线分别包被甲型流感病毒和腺病毒，当混有两种病毒的溶液流过器件，同时测量两根纳米线的电导变化。对于包被腺病毒抗体的纳米线结合病毒后电导增加；由于两种病毒所带表面电荷密度的差异，纳米线检测两种病毒时电导变化的幅值不同，易于区分抗体受体特定的键合。

　　Chao Li 等人提到采用 N 型半导体 In2O3 纳米线与 P 型碳纳米管互补检测前列腺抗原（PSA）[115]。在纳米线/纳米管上表面包被 PSA 单克隆抗体 PSA-AB，

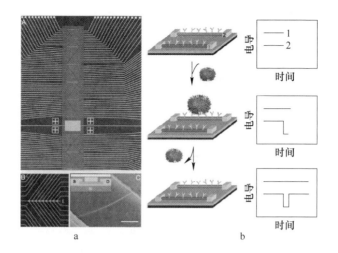

图 6-6　纳米线器件扫描电镜照片和纳米线病毒检测

a—显示两个纳米线器件，分别修饰不同的抗体受体；b—单个病毒结合产生的电导特性变化，
当病毒从纳米线表面释放后，电导恢复至基线

将包含有单根半导体碳纳米管和单根 In_2O_3 纳米线的场效应三极管器件浸入 PSA 的 PBS 缓冲液中一段时间，后用去离子水清洗和氮气干燥，检测浸泡前后器件的伏安特性曲线。由于 PSA 化学门电极效应，在纳米线表面的 PSA 引入了载流子，导致 N 型 In_2O_3 纳米线电导增强，而 P 型碳纳米管载流子削弱，电导减小。器件检测 PSA 的浓度可达 5ng/ml。见图 6-7。

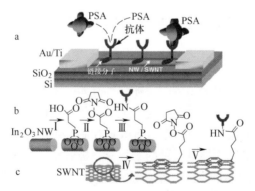

图 6-7　纳米传感器对 In_2O_3 纳米线、单壁纳米管修饰图

a—纳米传感器示意图；b—In_2O_3 纳米线修饰；c—单壁碳纳米管修饰

Eric Stern 等人提出采用金属氧化物半导体场效应三极管实现抗体浓度低于 100fm 免疫反应的实时检测[116]，见图 6-8。文中提出该器件完成了选择性和高灵敏度免疫反应检测，但器件的可靠性和系统集成需要进一步深入的研究。

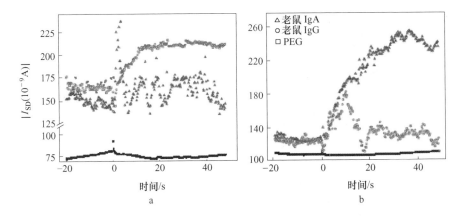

图 6-8　免疫反应检测时传感器响应 100fm 老鼠 IgG

（红色）或 100fm 老鼠 IgA（蓝色）的曲线

a—山羊抗鼠 IgA 功能化传感器；b—PEG 功能化传感器控制显示黑色

Jong-in Hahm and Charles M. Lieber 基于硅纳米线场效应三极管器件，通过在硅纳米线表面修饰肽核酸（PNA）受体识别 DNA 基因中引起遗传性胰腺病的 F508 变异[117]。相对于光学方法检测 DNA，采用纳米管/纳米线可实现实时免标签检测。

纳米生物传感器在医疗，环境健康等领域具有广泛的应用前景。研究获得集成度和灵敏度高，选择性检测好的器件，实现在线检测对环境污染和人类健康将具有非常重要的科学和现实意义。

6.2　以硅纳米线为敏感元件的 NEMS 传感器

6.2.1　敏感元件

硅纳米线作为一维纳米结构的一种，具有如电子输运、场发射特性、表面活性和量子限制等许多与体硅材料不同的优异性质，因而在低维纳米器件制作方面具有很广泛的应用前景。通过掺杂可有效地控制其半导体导电性能。结合微电子工艺实现的以硅纳米线为导电通道的场效应三极管结构传感器，具有 NEMS 器件的所有优势。目前，已实现了 Si 纳米线晶体管、传感器等纳米器件的制备和应用，如 Si 纳米线制作的传感器在细胞、葡萄糖、DNA 等生物检测方面取得了很大的进展。

6.2.1.1　硅纳米线制备

硅纳米线通过化学气相沉积法（CVD）制备。马弗炉中的硅烷气体在氢气作为保护气体下，高温过程中分解，在金催化剂的作用下生长硅纳米线。硅纳米线的制备装置见图6-9，可通过调节反应时间控制纳米线的长度。这里，生物传感器用硅纳米线的直径为几十个纳米，长度为 10μm 左右。将制备好的硅纳米线进行硼掺杂，获得 P 型半导体硅纳米线。

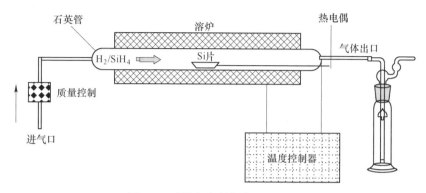

图 6-9　硅纳米线制备装置示意图

6.2.1.2　硅纳米线的表面修饰

通过对纳米线表面修饰可以实现对被测物的特异性检测。在生物包被之前，需要对纳米线进行一系列化学前处理，其修饰方法与被测物对应抗体的末端基团有关。本研究中检测 H3N2 病毒，纳米线的表面修饰过程具体如下所述。

首先，用反应离子刻蚀（RIE）去除纳米线表面的残留有机物等杂质，时间 1min；然后，采用氨基溶液修饰硅纳米线，氨基溶液由 50ml 无水甲醇、2ml 乙酸、2ml 去离子水和 1mlAPTES（3-氨基丙基三乙氧基硅烷）配置而成。将清洗过的芯片浸入氨基溶液中 4h，取出后用无水甲醇反复清洗，在 120℃下烘 10min。经过修饰的纳米线表面会形成带正电荷的氨基基团（-NH₂）。用 pH 值为 7.0 的磷酸缓冲液（PBS）配置浓度为 5% 的戊二醛溶液，适量加入 $NaHCO_3$ 调整戊二醛溶液的 PH 值达到 8.0。室温下，以戊二醛溶液浸泡芯片表面的纳米线区域 60min 后，以 10mM 且 PH8 的 PBS 缓冲液清洗 5min。经过修饰的纳米线表面最外端基团为醛基。

其次，在纳米线表面包被病毒 H3N2 对应的抗体。以 10mM 且 PH8 的 PBS 缓冲液配置包含浓度 0.1mg/ml 的抗体和浓度 4mM 的硼氰化钠作为包被液，滴加在芯片表面，在 4℃下反应 14h。取出芯片后，用 10mM 且 PH8 的 PBS 缓冲液清洗 5min。最后，用乙醇胺溶液处理芯片，使纳米线表面未链接上病毒抗体的醛基基团失去与被测病毒连接的可能性。由 10mM 且 PH8 的 PBS 缓冲液配置包含浓度 100mM 乙醇胺和 4mM 氰化钠的乙醇胺溶液，浸泡芯片 2h 后，再用 10mM 且 PH8 的 PBS 缓冲液反复清洗芯片 5min。

纳米线包被及检测示意图见图 6-10。表面包被有病毒抗体的纳米线器件用于以下所述的 H3N2 病毒检测试验中。

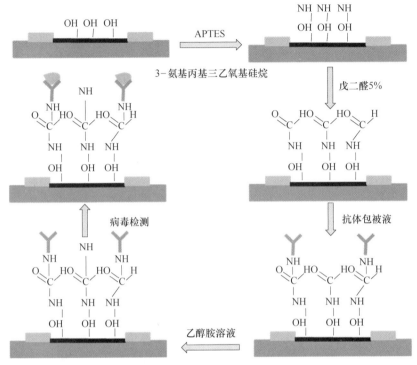

图 6-10　纳米线表面修饰及检测过程示意图

6.2.2　传感器结构

利用 Top-to-Down 的微纳加工与 Bottom-to-Up 的自组装结合的方法制作硅纳米线场效应三极管结构传感器。首先在芯片表面排列上硅纳米线阵列，然后在纳米线表面沉积金属电极。

该器件的具体制作步骤如下：（1）掺杂单晶硅作为基底；（2）在单晶硅表面热氧化厚度为 1000nm 的二氧化硅绝缘层；（3）清洗二氧化硅表面，用乙醇配置浓度为 2% 的 APTES（5-氨基丙基三乙氧基硅烷）浸泡使表面生长一层氨基单分子层，用来在芯片上固定硅纳米线；（4）将制备好的硅纳米线用流体方式在二氧化硅表面进行排列；（5）在排列好硅纳米线的芯片上甩光刻胶，用具有相应电极图形的光刻板对光刻胶进行光刻，然后显影；（6）最后蒸镀金属 Cr/Au（厚度 10nm），去胶。所制备器件在显微镜下观察，见图 6-11。

图 6-11a，在 2cm×2cm 的芯片上集成了多个金属电极-硅纳米线-金属电极结构。局部放大后观测如 6-11b，硅纳米线连接在两个或三个电极之间。其中，两个电极间的最小间距为 4μm。由于金属电极包覆在硅纳米线的上表面，因此纳米

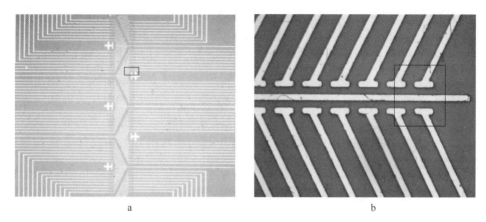

a   b

图 6-11 制备的硅纳米线场效应晶体管结构生物传感器的显微镜照片

a—若干个传感器件集成的全视图；b—局部放大后的传感器件。

线与电极间的接触可靠。

通常情况下，芯片上不是所有对电极间都有硅纳米线导电通道。实验前，通过在显微镜下观察后标记，选择可用的硅纳米线器件。

6.2.3 基于场效应晶体管结构的纳米线传感器检测原理

场效应晶体管是利用电场效应来控制输出电流大小的半导体器件。场效应管生物传感器主要由感受器和场效应管两部分构成，感受器是固定着具有分子识别功能的生物物质敏感受体，而场效应管则起信号转换的作用。硅纳米线场效应晶体管（SiNWFET）利用一维硅纳米线为导电沟道，由于量子限制效应，沟道内载流子远离表面分布，载流子输运受表面散射和沟道横向电场影响小[118]，可以获得较高的迁移率。

SiNWFET 沟道区电势分布 $\phi(x, y, z)$ 由泊松方程决定，即：

$$\nabla^2 \phi(x, y, z) = \frac{-q(\rho + N)}{\varepsilon_0 \varepsilon_{si}} \tag{6-1}$$

式中，ρ 为载流子浓度；N 为电离杂质浓度（电荷符号：施主"+"，受主"−"）；ε_0 和 ε_{si} 分别为真空介电常数和 Si 的相对介电常数。

SiNWFET 截止时，沟道处于全耗尽状态，其载流子浓度为零。根据文献的结论和利用围栅结构对应的边界条件，得到沟道表面电势满足的一维泊松方程：

$$\frac{d^2 \phi_f(x)}{dx^2} = \frac{\phi_f(x) - \phi_g - \phi_{bi}}{\lambda^2} - \frac{q n_\Delta}{\varepsilon_0 \varepsilon_{si}} \tag{6-2}$$

式中，ϕ_g 和 ϕ_{bi} 分别表示栅极相对于源极的电势和内建电势；λ 为本征长度，与不同的栅极和沟道结构的边界条件有关[119]。

SiNWFET 导通时，其源漏电流 I_{DS} 与栅源极电压 V_{GS} 及源漏电压 V_{DS} 之间满足一定关系。若栅源极电压 V_{GS} 及源漏电压 V_{DS} 不变，则源漏电流 I_{DS} 随着与纳米线表面受体结合的被测物浓度变化而变化。因此，通过测量 I_{DS} 即可测得被测物[120]。近年来，一维纳米结构与微结构结合的微纳米传感器研究受到越来越多的关注。硅纳米线作为一维纳米结构的一种，除了具有共同的大比表面积、力学电学性能优异等特点外，还具有优良的半导体导电特性。通过适当的硼或磷掺杂工艺，可控制硅纳米线为 P 型或 N 型。基于硅纳米线的场效应晶体管结构传感器已经涉及多个领域的研究中。

6.3 空气微生物检测系统

传统的空气微生物气溶胶检测是利用采样器将样品采集到培养基或液体介质内，通过人工收集再进行后续的检测分析，实时性较差。结合 NEMS 生物传感器应用，集成采样、检测和显示的方式可大大提高速率，实现快速实时检测。所设计的检测系统主要由四个部分构成：气溶胶发生装置、样品采集及输运、信号检测装置与信号处理，以及数据输出与显示，系统示意图见图 6-12。

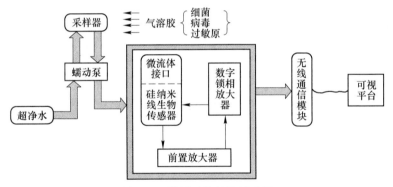

图 6-12　检测系统结构示意图

6.3.1 气溶胶发生装置

气溶胶的产生通过气溶胶发生装置实现，见图 6-13。发生装置由氮气瓶、两个流量计和气溶胶发生瓶构成。其中，氮气瓶的输出流量可通过表头的压力表来调节。通常将 20ml 微生物悬浮液盛装在气溶胶发生瓶内，氮气一部分经过流量计 1 从长细管进入发生瓶，将气体和微生物悬浮液混合后从短粗管口排出微生物气溶胶；另一部分经过流量计 2 将生成的气溶胶以一定流速送出。长管口插入液面以下，其管口分布有若干个小孔，可调节气流对菌液的压力，当气体流量太大时，避免菌液被从短粗管口溢出。实验中，调节流量计 1 流量为 $0.6m^3/h$，流量计 2 流量为 $2.4m^3/h$。

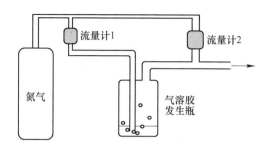

图 6-13　气溶胶发生装置示意图

6.3.2　气溶胶样品采集

　　常用的采样器可实现较高效率的采集样品，但无法有效的将样品实时输运给检测设备。本书设计了新型的微生物气溶胶采样器，采用静电吸附的方式，将气溶胶收集为水溶胶，同时实现微生物采样浓度的凝缩和液体样品输运，为实时监测微生物气溶胶的微纳米传感器提供检测样品。

6.3.2.1　气溶胶静电采样原理

　　静电采样器对非生物气溶胶中的颗粒去除已经在理论和应用方面展开了广泛的研究。高压静电采样器利用颗粒除尘原理，其结构见图 6-14。采样器内有一针状电极，施加高电压产生电晕成电晕区，另外有一直流电场作为收集区。抽气泵抽取空气通过采样器，当气溶胶通过电晕区时，气体电离产生的带电粒子附着在气溶胶颗粒上，使颗粒带电。带电的颗粒进入收集区，在电场的作用下，沉降在极性相反的收集板上。高压静电采样器收集效率高且无阻力，可以把样品采到不同介质上，供分析或观察用。

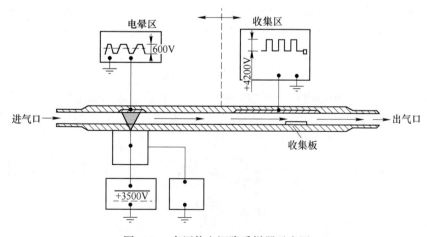

图 6-14　高压静电沉降采样器示意图

当带有电荷的颗粒以一定速度进入收集空间时，颗粒收到电场力，重力和空气对它的粘滞阻力的作用。设施加的采样电压为 U，平行收集板的间距为 d，平行板长度为 L，颗粒所带电荷为 q，电场强度为 E_r，荷电颗粒所受的电场力 F_c，则：

$$F_c = qE_r = q\frac{U}{d} \tag{6-3}$$

设颗粒近似球形，颗粒在气体中所受的黏滞阻力 F_D 与球的半径 a 和速度 v 有关。

式中，μ 为气体的内摩擦系数，即气体的黏度，随温度的升高而增大。当 $t=0℃$，$\mu = 1.8 \times 10^{-5}\text{kg/m} \cdot \text{s}$，取颗粒迁移的驱动速度为 $0.01 \sim 0.2\text{m/s}$，可知 F_D 大小约为 $3 \times 10^{-12}\text{N}$。由于颗粒尺寸很小，相对于黏滞阻力，重力可以忽略。

$$F_D = 6\pi\mu av \tag{6-4}$$

颗粒在进入收集空间后，在电场力作用下，沿平行平板的方向做匀速运动的同时，沿垂直平板方向产生偏转，最终被吸附在平板中心电极上。由式（6-5）、（6-6）、（6-7）和（6-8）可求出颗粒的运动状态。式（6-5）中，m 为颗粒的质量，解之得：

$$m\frac{\mathrm{d}v}{\mathrm{d}t} = qE_r - 6\pi\mu av \tag{6-5}$$

$$V = \frac{qE_r}{6\pi\mu a}(1 - e^{\frac{-t}{T}}) \tag{6-6}$$

$$T = \frac{m}{6\pi\mu a} \tag{6-7}$$

T 为速度变化的时间常数。由于 m 很小，所以 T 是很小的，而颗粒到达收集极所需的时间要比 T 大得多。所以，可以略去式（6-4）中的指数项，即忽略粒子的加速过程，认为颗粒已进入收集空间便达到以稳定的驱进速度 V_r。

$$V_r = \frac{qE_r}{6\pi\mu a} = \frac{qU}{6\pi\mu ad} \tag{6-8}$$

颗粒以 V_r 趋向中心电极，到达的时间 $t_2 = d/V_r$，当进入收集空间的气流速度为 V_1 时，穿越整个空间的时间为 $t_1 = L/V_1$。只有当 $t_2 \leqslant t_1$ 时，颗粒才能被吸附在收集极上。U 为高压电源输出电压，因此，

$$\frac{qU}{6\pi\mu ad} \geqslant \frac{d}{L}V_1 \tag{6-9}$$

$$U \geqslant \frac{6\pi\mu ad^2}{Lq}V_1 \tag{6-10}$$

当高压电源 U 满足式（6-8），颗粒可被中心电极收集，此式为静电收集装置

设计的理论方程。由上式，电压与采样器的结构尺寸以及颗粒所带电量有关。从理论上考虑 U 越高收集效果越好，但由于受电源装置绝缘性能和空气击穿等安全条件的限制，U 不宜太高。

由于静电采样器收集微生物所用功耗低，近几年引起了研究者的广泛关注。G. Mainelis 设计的静电采样器应用于生物气溶胶的采集。采样器的结构见图 6-15。采样器由两个平板电极及绝缘外壳构成，中心电极表面放置培养基。采样器入口处设置充电电极。当施加采样电场时，带电荷的微生物向培养基聚集，该采样器的采集效率可达 80%~90%。最近，Taewon Han 与 Gediminas Mainelis 提出了新型的生物气溶胶静电采样器，提到用浓度速率参数对采样器采样效果进行评价。如图 6-16，基于静电收集机理与中心电极表面疏水处理技术，从而获得高浓缩率。

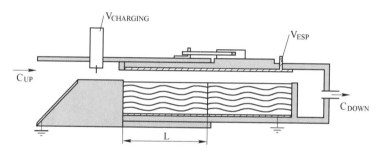

图 6-15 平行板式微生物静电采样器结构示意图

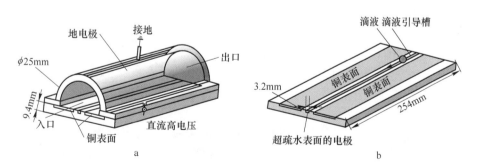

图 6-16 超疏水表面半圆柱型静电采样器结构示意图（Han and Mainelis, 2008）

6.3.2.2 气溶胶采样器结构

本装置的结构设计思想是利用电场使经过半球形采样空间的带电荷颗粒在电场作用下，沿电场方向集中沉积于半球中心相对较小区域的收集槽内，同时液体样品在蠕动泵的作用下实现连续采样和输运。

　　静电采样方式对微生物的破坏性较小,为了实现微生物采样的浓度凝缩和实时输运液体样品,同时保持微生物的活性,设计了新型的静电采样装置。高效地将气溶胶收集为水溶胶,并用于微生物的传感器检测。本装置是一种实现高浓缩率的微生物气溶胶采样器。采样原理为利用静电场使经过半球形采样空间的带电荷微生物在电场作用下,沿电场方向集中沉积于半球中心相对较小区域的水溶液内,同时水溶液在微型蠕动泵的作用下实现连续采样和样品输运。

　　采样器由半球电极和绝缘底座构成半球型采样空间。其中,半球电极和绝缘底座的结构示意图见图 6-17。半球电极的半球直径为 90mm,对称的两个长臂和螺纹孔用来与绝缘底座固定密封。采用 M5 的螺栓螺母固定连接半球与绝缘底座,且螺栓的材料为紫铜,同时作为半球电极的引出电极,连接高压电源的一端输出。半球材料为钢,为了保证可靠的电连接,长臂材料选用的是常用作电极材料的紫铜,并与半球焊接。半球和两个长臂的表面均用绝缘泥涂覆,一方面可以避免充电装置电场与高压半球电场相互放电,损坏高压电源;另一方面,可以实现与充电装置的固定连接。半球顶部加工 3 个直径为 5mm 的进气孔,孔间间距为 5mm。

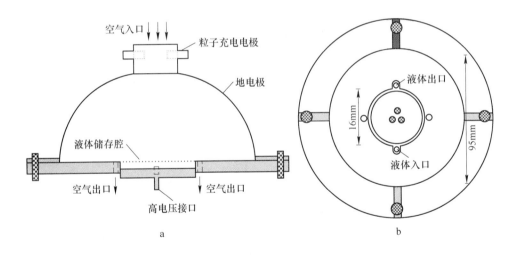

图 6-17　静电采样器

a—主视图;b—俯视图

　　绝缘底座的材料采用有机玻璃,能有效的绝缘且易于加工。沿底座的圆周方向均匀分布了 8 个 M5 螺纹孔,方便半球电极与底座的固定。底座总厚度为8mm、直径230mm。底座正面的中心加工直径15mm、深度为1mm的凹槽,作为液体样品收集槽,盛装采集到的微生物颗粒溶液。如图 6-16a 所示,凹槽内有两个对称的直径为 2mm、深度为 7mm 的通孔。从底座的反面沿着通孔插入两个内径为 1mm 的金属管，用来可靠连接蠕动泵的软管。距离收集凹槽边缘 2.5mm 的两侧，对称加工直径 10mm、深度 8mm 的通孔，连接抽气泵或光学粒子计数器（OPC）。在对采样器结构优化的过程中，选择用尺寸相差较大的两个中心电极进行比较。与此对应的，加工两个绝缘底座，在底座的反面，与凹槽背对的位置分别加工直径 6mm 和 16mm、深度 6mm 的螺纹孔，安装中心电极。实验中加工了直径为 6mm 和 16mm 的两种尺寸的中心电极进行比较。

采样器的半球顶部设置充电装置，使颗粒进入采样空间前带一定量电荷。充电装置采用聚四氟乙烯绝缘材料，加工直径 20mm、高度为 30mm 的空心圆柱。圆柱侧壁对称位置安装一对直径 3mm 的紫铜电极。空心圆柱将 3 个进气孔包围在其内部。充电装置由黏性的绝缘泥与半球电极固定。当对紫铜对电极施加直流电压时，由于紫铜电极直径较小，因此充电装置内部空间，对电极附近形成了较强的恒定电场。电场使电极附近的空气发生电离，产生较多的正负电荷。当微生物颗粒通过充电区域时，表面会吸附一定电荷。由静电场作用力公式可知，颗粒所带电荷与电场作用力成正比，因此有望获得较高的颗粒收集概率。充电装置见图 6-18。

图 6-18　充电装置实物照片

6.3.2.3　采样器电场分布计算

半球采样空间内电场强度的强弱和分布状态是影响采样效果的重要因素。半球采样电极与底部中心电极构成的半球采样空间，是以空气和纯净水为介质的半球形的电容器。由电场力公式可知，对于均匀电场，施加相同的直流电压，两个电极的距离越小，则电极间的场强越强。而本设计中的半球型电场，可以看成是由底部中心电极构成的点电荷向半球径向发散的电场，是一个不均匀的电场。半球的半径越小，则空间中的平均场强越大。

设置边界条件：两电极形成的电容空间包含两种介质，水和空气。在绝缘底座的中心电极与半球电极间施加 10kV 直流电压，其中半球电极连接直流电源的接低电势引线，而底部中心电极连接接高电势引线。底部中心电极的尺寸为 6mm，半球电极的直径为 90mm。计算得到电场矢量分布见图 6-19。

图 6-19 中标尺的深浅从左到右的变化表示电场强度大小的由小到大，同时在电场空间对应不同颜色的箭头，表明电场强度的方向。红色区域（浅）是电场强度最大的区域，而深蓝色（深）表示电场强度最小的区域。由图 6-19 可以看出，当中心电极接高电位时，场强矢量方向沿半球的半径方向指向中心电极，且离中心电极越近则场强越强。

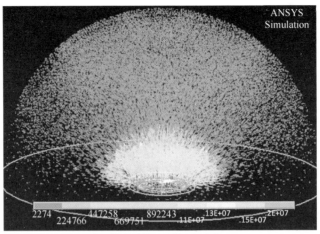

自动静电采样器的静电场分布

图 6-19　半球电极直径为 90mm 的电场强度矢量分布

6.3.2.4　采样器的物理采集效率实验分析

对影响采样器物理采集效率的因素进行了实验研究，优化采样器的结构和采样条件，并对采样器采集空气微生物的保持活性的能力进行了评价。分析了中心电极尺寸、充电电压、采样流量和采样电压对物理采集效率的影响。其他参数一定，采用直径 16mm 的中心电极时的采集效率高于采用直径 6mm 的中心电极；对于两种直径的中心电极，施加充电电压均可提高采样器的物理收集效率；在本实验研究范围内，采集效率随着采样流量的增加而逐渐降低；施加正或负的采样电压，采集效率均随着采样电压幅值的增大而增加。比较了过滤膜采样器与静电采样器的对室内和室外环境生物气溶胶的生物采集效率。静电采样器在 2L/min采样流量下的生物采集效率高于 5L/min。过滤膜采样器与静电采样器的生物采集效率存在明显差异。

6.3.2.5　NEMS 传感器检测用样品的输运

采样系统见图 6-20。产生的微生物气溶胶进入包含采样器的密闭室内，避免微生物在空气中扩散从而影响纳米线传感器的测量准确度。采样系统由静电采样器、气泵、蠕动泵以及高压直流电源（Spellman 205B）构成。其中，气泵采用Vac-U-Go Area Sampling Pump（SKC），最大流量 30L/min。抽气管道直径 10mm，连接采样器气孔的两个管道与连接气泵的单管通过三口转接头连接。蠕动泵为BL100（常州普瑞流体公司），可实现的流量范围为 0.006~30ml/min，所用样品输运管道为壁厚 1mm、内径 1mm 的硅胶管。

蠕动泵的泵头为双管输出，其中一个软管的一端连接超净水，另一端连接采样器的收集槽输入接口；另一个软管的一端连接收集槽输出接口，另一端连接到传感器芯片接口上。设置一定的转速，蠕动泵运行过程中将采集到的样品从采样器的收集槽输送到传感器芯片表面，同时对收集槽中的采集介质超净水进行补给。通过调整泵的转速可改变样品流过芯片的速度。在用该系统检测病毒时，两次病毒检测的操作间隔，需要对纳米线用缓冲液进行反复清洗，也可通过蠕动泵输运缓冲液来实现。

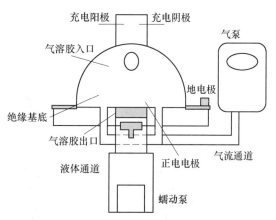

图 6-20 静电采样及采样液运输系统示意图

6.3.3 信号处理及显示装置

信号检测及处理部分由探针台（中科院海达精密研究所，北京），前置放大器（LI 76，NF）及数字锁相放大器（LI 5640，NF）构成。由于制备的芯片尚未封装，因此利用探针台的探针接触器件的微电极，由探针引线连接输入电信号施加到芯片电极上，同时引出被检测信号输入给测量仪器。实验中两个探针分别连接某一个纳米线器件的源漏电极。传感器芯片的电极表面材料为 Au，为减小探针与微电极间的接触电阻，选用针尖材料为 Au 的复合金探针（针尖曲率半径为 $25\mu m$）。这是由于相同的材料具有相同的费米能级和功函数，可形成欧姆接触，那么接触部分的电压降与器件的电压降相比必须是可以忽略的，即它的电流-电压特性由器件的电导特性确定而不由接触确定，从而保证传感器检测的准确性。探针台的输出与锁相放大器和前置放大器之间间用 BNC 接口电缆连接。电路连接见图 5-1，其中一个探针输出与锁相放大器的参考输出相连，另一个探针输出经前置放大器连接到锁相放大器的电压输入口。参考输出信号最大幅值为 5V，最高频率为 100kHz。

为了实时显示检测信号，同时考虑后续可能的多通道检测，采用可扩展的 GPIB 卡（Agilent PCI-GPIB 82350B）及专用电缆连接数字锁相放大器与电脑主机。电缆与锁相放大器的 RS232 串口相连。利用 LabView 软件编程实现对锁放的数据传输控制、信号后处理及结果显示见图 6-21、图 6-22。程序界面包括输入参考电压值，采样点数（采样时间），放大倍数，仪器表盘显示以及换算后所测得的电导变化曲线，并可对实时检测的数据保存。

检测过程中，除了检测仪器外的系统其他部分均放置于空气安全柜中，避免有害微生物外泄。实际测试系统实物照片见图 6-23。

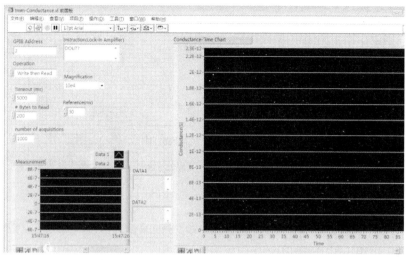

图 6-21　LabView 控制锁相放大器输出界面

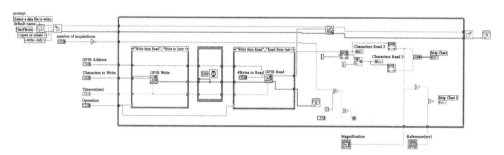

图 6-22　LabView 控制锁相放大器输出的程序框图

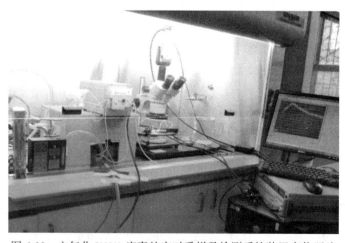

图 6-23　空气化 H3N2 病毒的实时采样及检测系统装置实物照片

6.4 采用 NEMS 传感器检测实验

利用经过表面修饰的硅纳米线 FET 传感器以及图 6-23 所示系统进行病毒 H3N2 实时检测。在传感器的源漏电极间施加峰峰值 50mV 且频率 79Hz 的检测信号，测量器件电导的变化。实验中分别对超净水、PBS 缓冲液、病毒溶液以及空气化病毒样品进行了检测，见图 6-24。

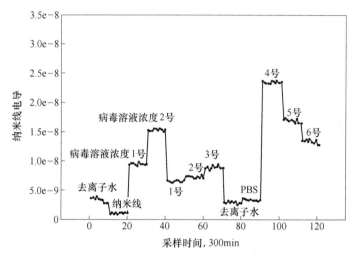

图 6-24 利用硅纳米线 FET 传感器进行病毒 H3N2 检测

当传感器空载时，器件源漏电极间电导为 1.5×10^{-9}。分别将灭菌水和 10mMPBS 缓冲液滴加到器件的硅纳米线区域，器件电导均少量增加，且最终的电导值均小于 5.0×10^{-9}。这是由于灭菌水和 PBS 溶液中含有一定量的带电离子，吸附在纳米线表面时会引起源漏电极间的电导变化。病毒 1 号和 2 号表示两种浓度的病毒溶液，其中 1 号病毒溶液为 2 号溶液稀释 10 倍后的溶液，用传感器检测后的电导分别增加到 1.0×10^{-8} 和 1.5×10^{-8}。相对于空载时的电导增加了一个数量级。1~6 号为不同浓度的病毒空气样品，浓度最高的 4 号样品的电导也最高。较高浓度的病毒溶液或病毒空气样品与纳米线表面抗体的结合机率增加。因此，对于 P 型半导体硅纳米线 FET 器件，其电导越大。

利用该检测系统对 H3N2 病毒空气样品进行了初步测试研究，检测过程响应时间快。实验结果表明，采用 P 型硅纳米线传感器，样品病毒浓度越高，器件电导变化越大，搭建的测试系统对实时检测微生物气溶胶是可行的。对纳米线的表面化学修饰和抗体包被实现了病毒 H3N2 检测的特异性。

7 NEMS 传感器的发展趋势及应用前景展望

7.1 NEMS 传感器研究的发展趋势

NEMS 传感器研究是一个跨学科的研究领域，涉及材料、化学、机械、物理、电子等相关专业技术。从传感器研制来看，其技术关键主要有纳米材料的制备及性能研究、器件的结构原理研究、器件的加工工艺研究等内容。

7.1.1 纳米材料的制备及性能研究

根据近年来的最新研究成果和研究热点可以发现，改善制备方法获得可控的纳米材料，以及研制新型的一维纳米材料获得高性能传感器是传感器用纳米材料的研究趋势。

（1）纳米材料的制备方法。以碳纳米管为例，由于碳纳米管的合成过程中会出现金属型碳纳米管和半导体型碳纳米管混合的现象，且很难分离，严重限制了碳纳米管在器件层面的到应用角度，因为只有单纯性质的碳纳米管才能获得更高的性能。碳纳米管的分离技术是一直以来的技术难点和研究热点。2012 年 1 月，《科学》杂志上发表的美国杜邦公司和康奈尔大学研究人员开发的一种分离不同类型碳纳米管的技术，利用氟基分子接触碳纳米管，氟基分子通过环加成反应过程有效的抑制了金属性碳纳米管，将半导体性碳纳米管筛选出来，从而分离两种不同类型的碳纳米管。2016 年，发表在《Chemistry-A European Jounal》的论文，介绍了麦克马斯特大学阿德罗诺夫课题组的分离技术，将能分离半导体碳纳米管的高分子试剂的电学性能颠倒，得到只分离金属性碳纳米管的新型高分子试剂。

（2）新型一维纳米材料的器件应用。除此之外，探索新型的一维纳米材料应用于器件的研究层出不穷。Li-Yang Hong 等提出了一种单个氧化钛纳米点的电阻式传感器用于检测室温下的一氧化氮气体[121]。采用原子力显微镜纳米光刻技术、纳米加工及纳米氧化方法，将单根钛纳米线跨接两个接触电极，并在纳米线上生成单个氧化钛纳米点，构成气体传感器，见图 7-1。研究发现纳米点越小，器件性能越高。

Z Y Cai 等采用铜锗（$CuGeO_3$）纳米线作为玻碳电极的修饰材料，测定中性溶液中的苯甲酸电化学性能[122]。铜锗（$CuGeO_3$）纳米线为淡蓝色，采用水热沉积法制备。实验证明，铜锗（$CuGeO_3$）纳米线修饰电极具有良好的稳定性和重复性，利用纳米线修饰电极作为苯甲酸测定的应用表现出良好的分析性能。

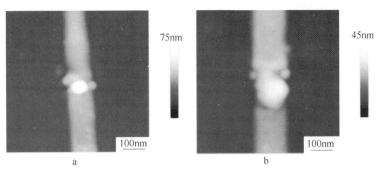

图 7-1 纳米点传感器的原子力显微镜图像

7.1.2 器件的结构研究

目前，基于一维纳米材料的 NEMS 传感器结构比较常见的有场效应三极管（FET）结构，纳米材料层状薄膜或阵列包覆电极表面，以及纳米材料分散在有机材料介质内部三种类型。由于三种结构不同的制造工艺过程，在器件的重复性、稳定性、适用对象及检测范围方面，具有较大差别。随着一维纳米材料制备技术的发展，一维纳米材料实现了可控生长以及不同类型的分离筛选。同时，随着器件制造工艺及设备的发展，未来 NEMS 器件的结构将趋向于多样化和复杂化。

例如：S T Tan 等人设计的硅纳米线生物传感器结构中集成了微流体通道，实现样品的定点输运，提高了样品检测效率[123]。器件结构示意图见图 7-2。Azeem Zulfiqar 研究了新型的微流体制造技术，实现了具有良好的生物相容性、抗化学、热学和电学破坏的微流体封闭通道[124]。

I Zeimpekis 等人提出的纳米带生物传感器结构集成微流体通道的基础上，同时采用双栅晶体管结构，见图 7-3。实验证明，对于 pH 值测量和抗生物素蛋白测量均能成倍提高测量的敏感性[125]。

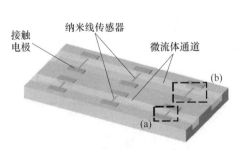

图 7-2 硅纳米线生物传感器集成微流体
通道的器件结构示意图

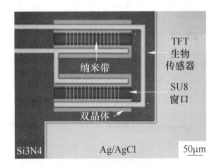

图 7-3 集成微流体通道的纳米带双栅
晶体管结构器件示意图

7.1.3　器件的加工工艺

　　一维纳米材料的 NEMS 传感器加工工艺通常基于硅微机械加工工艺以及一维纳米材料组装工艺等。根据器件结构本体和电路设计方案，采用硅微机械加工工艺完成器件的机械结构及信号采集电路加工。Van Binh Pham 等人采用传统微机械加工技术以及两个减少尺寸的步骤制造了宽度为 200nm 的晶片级硅纳米线，突破了传统光刻技术实现的 2μm 宽度硅纳米线的极限[126]。

　　一维纳米材料的组装工艺在本书第 2 章以碳纳米管为例进行了国内外研究现状的综述，主要分为生长组装和生长后外力组装两类。生长组装工艺依赖于纳米材料的制备工艺研究进展，而生长后组装工艺将随着纳米操作技术的发展逐步提高组装的精度、重复性及可靠性。Yang Liang Zhang 等人面向纳米线场效应晶体管的制造，为精确控制纳米线的直径和数量，提出了一种自动化纳米操作方法。该方法利用纳米接触印刷和扫描电子显微镜的纳米操作实现了高效率的传感器精密加工[127]。

7.2　NEMS 传感器的应用前景展望

　　MEMS 技术发展最终实现了在多个领域里应用的重大突破，例如：汽车防撞气囊中的加速度传感器、投影仪上的光微镜阵列等。由于这些器件的高集成度和高可靠性，使得在研发成功后被迅速推广到市场。纳制造在 MEMS 技术基础上继续发展，推动了纳米机电器件实现产品化和商业化，充分发挥纳米效应给 NEMS器件带来的高性能优势。

　　NEMS 传感器的敏感元件为纳米尺度的材料，由于纳米效应以及优良的电导特性，NEMS 器件可被广泛应用于生物、化学、医学检测领域。相对于传统的生化检测方式，NEMS 传感器检测可实现高灵敏度、高集成度和快速检测。同时，NEMS 生化传感器已经取得了大量的研究成果，随着纳米制造技术的发展，NEMS 生化传感器有望实现产品化并广泛推广。

参 考 文 献

[1] 周兆英，王中林，林立伟．微系统和纳米技术 [M]．北京：科学出版社，2007．

[2] 周兆英，杨兴．微/ 纳机电系统 [C]．MEMS 论坛，2003（2）：1～5．

[3] Qian Dong, Wagner Gregory J, et al. 碳纳米管的力学 [J]．力学进展，2004，34（1）：97～138．

[4] 朱宏伟，吴德海，徐才录．碳纳米管 [M]．北京：机械工业出版社，2003．

[5] Cao J., Wang Q., et al. Electromechanical properties of metallic, quasimetallic, and semiconducting carbon nanotubes under stretching [J]．Physical review letters. 2003, 90, 157601.

[6] Zhang Y B, Lau S P, et al. Carbon nanotubes synthesized by biased thermal chemical vapor deposition as an electron source in an x-ray tube [J]．Applied Physics Letters. 2005, 86, 123115.

[7] Lin Yu Ming, Appenzeller, Joerg, et al. High-Performance Carbon Nanotube Field-Effect Transistor With Tunable Polarities [J]．IEEE Transactions on Nanotechnology, 2005, 4：481～490．

[8] Kind H, Yan H Q, et al. Nanowire ultraviolet photodetectors and optical switches [J]．Advanced Materials, 2002, 14：158～160．

[9] Bachtold, Adrian, et al. Logic Circuits with Carbon Nanotube Transistors [J]．Science, 2001, 294：1317～1321．

[10] Wind S J, Appenzeller J, et al. Vertical scaling of carbon nanotube field-effect transistors using top gate electrodes [J]．Applied Physics Letters, 2002, 80：3817～3820．

[11] Postma H W C, Teepen T, et al. Carbon nanotube single electron transistors at room temperature [J]．Science, 2001, 293：76～79．

[12] Thelander C, Martensson T, et al. Single-electron transistors in heterostructure nanowires [J]．Applied Physics Letters, 2003, 83：2052～2054．

[13] Liu Liyue, Zhang Yafei. Multi-wall carbon nanotube as a new infrared detected material [J]．Sensors and Actuators, A: Physical, 2004, 116（3）：394～397．

[14] Tzolov M, Daniel S, et al. Arrayed carbon nanotube infrared properties and potential applications [J]．Proceedings of SPIE-The International Society for Optical Engineering, 2004, 5543：56～65．

[15] Misewich J A, Martel R, et al. Electrically induced optical emission from a carbon nanotube FET [J]．Science, 2003, 300：783～786．

[16] Cao J, Wang Q, et al. Electromechanical properties of metallic, quasimetallic, and semiconducting carbon nanotubes under stretching [J]．Physical review letters, 2003, 90, 157601．

[17] Poncharal P, Wang Z L, et al. Electrostatic deflections and electromechanical resonances of carbon nanotubes [J]．Science, 1999, 238：1513～1516．

[18] Grow R J, Wang Q, et al. Piezoresistance of carbon nanotubes on deformable thin-film membranes [J]．Applied Physics Letters, 2005, 86, 93104-1．

[19] Wang S G, Zhang Qing, et al. Multi-walled carbon nanotubes for the immobilization of enzyme in glucose biosensors [J]．Electrochemistry Communications, 2003 5：800～803．

[20] Sasaki T K, Ikegami A, et al. Proc. 2nd Quantum Transport Nano-Hana International Workshop IPAP Conf. Series [C], 2004, 5: 97~100.

[21] Deo R P, Wang J, et. al. Determination of organophosphate pesticides at a carbon nanotube/organophosphorus hydrolase electrochemical biosensor [J]. Analytica Chimica Acta, 2005, 530: 185~189.

[22] Lee N S, Chung D S, Han I T, et al. Application of carbon nanotubes to field emission displays. Diamond and Related Materials, 2001, 10: 265-270.

[23] Saito Y, Uemura S, et al. Cathode ray tube lighting elements with carbon nanotube field emitters [J]. Japanese Journal of Applied Physics, 1998, 37: 346~348.

[24] Choi W B, Chung D S, et al. Fully sealed, high-brightness carbon-nanotube field-emission display [J]. Applied Physics Letters, 1999, 75: 3129~2131.

[25] Lee N S, Chung D S, et al. Application of carbon nanotubes to field emission displays [J]. Diamond and Related Materials, 2001, 10: 265~270.

[26] Bonard, Jean-Marc, et al. Field emission from carbon Nanotubes: the five years [J]. Solid-State Electronics, 2001, 45: 893~914.

[27] Yu W J, Cho Y S, et al. A stable high power carbon nanotube field-emitter device [J]. Diamond and Related Materials, 2004, 13: 1017~1021.

[28] TU Y, HUANG Z P, et al. Growth of aligned carbon nanotubes with controlled site density [J]. Applied Physics Letters, 2002, 80 (21): 4018~4020.

[29] Alexander T, Hatton K, et al. A photolithographic process for fabrication of devices with isolated single-walled carbon nanotubes [J]. Nanotechnology, 2004, 15: 1475~1478.

[30] L Marty, A Iaia, et al. Self-assembled single wall carbon nanotube field effect transistors and AFM tips prepared by hot filament assisted CVD [J]. Thin Solid Films, 2006, 501 (1-2): 299~302.

[31] Joselevich E, Lieber C M, et al. Vectorial growth of metallic and semiconducting single-wall carbon nanotubes [J]. Nano Letters, 2002, 2: 1137~1141.

[32] Coskun Kocabas, Moonsub Shim, et al. Spatially Selective Guided Growth of High-Coverage Arrays and Random Networks of Single-Walled Carbon Nanotubes and Their Integration into Electronic Devices [J]. J. AM. CHEM. SOC. 2006, 128: 4540~4541.

[33] Zhi-Bin Zhang, Xian-Jie Liu, et al. Alternating current dielectrophoresis of carbon nanotubes [J]. Journal Of Applied Physics, 2005, 98, 056103.

[34] Jingqi Li, Qing Zhang, et al. Manipulation of carbon nanotubes using AC dielectrophoresis [J]. Applied Physics Letters, 2005, 86, 153116.

[35] Maria Dimaki, Peter Boggild. Dielectrophoresis of carbon nanotubes using microelectrodes: a numerical study [J]. Nanotechnology, 2004, (15): 1095~1102.

[36] Youngjin Kim, Seunghyun Hong, et al. Dielectrophoresis of Surface Conductance Modulated Single-Walled Carbon Nanotubes Using Catanionic Surfactants [J]. J. Phys. Chem. B 2006, 110: 1541~1545.

［37］ Wakaya F, Takaoka J, et al. Fabrication of a carbon nanotube device using a patterned electrode and a local electric field ［J］. Superlattices and Microstructures, 2003, 34: 401~405.

［38］ Hee-Won Seo, Chang-Soo Han, et al. Controlled assembly of single SWNTs bundle using dielectrophoresis ［J］. Microelectronic Engineering, 2005, 81 (1): 83~89.

［39］ Chung J, Lee J. Nanoscale gap fabrication and integration of carbon nanotubes by micromachining ［J］. Sensors and Actuators A, 2003, 104: 229~235.

［40］ Lu Shaoning, Chung Jaehyun, et al. Controlled deposition of nanotubes on opposing electrodes ［J］. Nanotechnology, 2005, 16: 1765~1770.

［41］ Huang Y, Duan X F, et al. Science ［J］, 2001, 291: 630

［42］ Liu Jie, Casavant, Michael J, et al. Controlled deposition of individual single-walled carbon nanotubes on chemically functionalized templates ［J］. Chemical Physics Letters, 1999, 303: 125~129.

［43］ K H Choi, J P Bourgoin, et al. Controlled deposition of carbon nanotubeson a patterned substrate ［J］. Surface Science, 2000, 462: 195~202.

［44］ Hyunhyub Ko, Sergiy Peleshanko, et al. Combing and Bending of Carbon Nanotube Arrays with Confined Microfluidic Flow on Patterned Surfaces ［J］. J. Phys. Chem. B 2004, 108: 4385~4393.

［45］ Huijun Xin, Adam T. Woolley. Directional Orientation of Carbon Nanotubes on Surfaces Using a Gas Flow Cell ［J］. Nano Letters, 2004, 4 (8): 1481~1484

［46］ Andrea Tao, Franklin Kim, et al. Langmuir-Blodgett Silver Nanowire Monolayers for Molecular Sensing Using Surface-Enhanced Raman Spectroscopy ［J］. Nano Letters, 2003, 2 (9): 1229~1233.

［47］ 沈钟, 王果庭. 胶体与表面化学 ［M］. 北京: 化学工业出版社, 1997.

［48］ 刘丽月, 赵猛, 张亚非, 徐东. 可控排布碳纳米管及其分析 ［J］. 固体电子学研究与进展, 2004, 24 (4): 436~440.

［49］ D A Walters, et al. In-Plane-Aligned Membranes of Carbon Nanotubes ［J］. Chemical Physics Letters, 2001, 338: 14~20.

［50］ Avouris Ph, Hertel T, et al. Carbon nanotubes: nanomechanics, manipulation, and electronic devices ［J］. Applied Surface Science, 1999, 141: 201~209.

［51］ Roschier L, Penttila J, et al. Single-electron transistor made of multiwalled carbon nanotube using scanning probe manipulation ［J］. Applied Physics Letters, 1999, 75: 728~731.

［52］ Whitesides G M, Mathias J P, et al. Molecular Self-Assemblly and Nanochemistry: A Chemical Strategy for the Synthesis of Nanostructures ［J］. Science, 1991, 254 (5036): 1312~1319.

［53］ Decher G, Hong J D. Buildup of Ultrathin Multilayer Films by a Self-Assembly Process ［J］. Phys. Chem., 1991, 95 (11): 1430~1434.

［54］ Decher G. Fuzzy Nanoassemblies: Toward Layered Polymeric Multicomposites ［J］. Science, 1997, 277 (5330): 1232~1237.

［55］ Xu Wang, Hong-Xiang Huang, et al. Dong-Jin Qian. Layer-by-layer assembly of single-walled carbon nanotube-poly (viologen) derivative multilayers and their electrochemical properties [J]. Carbon, 2006, 44：2115~2121.

[56] X B Yan, X J Chen, et al. Transparent and flexible glucose biosensor via layer-by-layer assembly of multi-wall carbon nanotubes and glucose oxidase [J]. Electrochemistry Communications, 2007, 9：1269~1275.

[57] Kenneth J Loh, Junhee Kim, et al. Multifunctional layer-by-layer carbon nanotube-polyelectrolyte thin films for strain and corrosion sensing [J]. Smart Mater. Struct., 2007, 16：429~438.

[58] Wei Xue, Yi Liu, et al. High-mobility transistors based on nanoassembled carbon nanotube semiconducting layer and SiO_2 nanoparticle dielectric layer [J]. Applied Physics Letters, 2006, 89, 163512.

[59] Antonis N. Andriotis, Madhu Menon. Structural and conducting properties of metal carbon-nanotube contacts：Extended molecule approximation [J]. Physica Review B, 2007, 76, 045412.

[60] Tiezhu Meng, Chong-Yu Wang, et al. First-principles study of contact between Ti surface and semiconducting carbon nanotube [J]. Journal of Applied Physics, 2007, 102, 013709.

[61] Yuki Matsuda, Wei-Qiao Deng, et al. Goddard, III. Contact Resistance Properties between Nanotubes and Various Metals from Quantum Mechanics [J]. Phys. Chem. C. 2007, 111 (29)：11113~11116.

[62] Maiti, A, Ricca, A. Metal-nanotube interactions - binding energies and wetting properties [J]. Chemical Physics Letters, 2004, 395：7~11.

[63] Y Nosho, YOhno, et al. Relation between conduction property and work function of contact metal in carbon nanotube field-effect transistors [J]. Nanotechnology, 2006, 17：3412~3415.

[64] Harish M Manohara, Eric W Wong, et al. Carbon Nanotube Schottky Diodes Using Ti-Schottky and Pt-Ohmic Contacts for High Frequency Applications [J]. Nano Lett, 2005, 5 (7)：1469~1474.

[65] Chenguang Lu, Lei An, et al. Schottky diodes from asymmetric metal-nanotube contacts [J]. Appled Physics Letters, 2006, 88, 133501

[66] Jing QI LI and Qing Zhang. Annealing Effects on Electric Contacts between Carbon Nanotubes and Electrodes. International Journal of Nanoscience. Vol. 5, Nos. 4 & 5 (2006) 401~406.

[67] Lifeng Dong, Steven Youkey, et al. Effects of local Joule heating on the reduction of contact resistance between carbon nanotubes and metal electrodes [J]. Joubnal Of Applied Physics, 2007, 101, 024320.

[68] M Liebau, E Unger, et al. Contact improvement of carbon nanotubes via electroless nickel depositon [J]. Appl. Phys. A, 2003, 77 (6)：731~734.

[69] J Li, Q Zhang, MB CHAN-PARK, et al. Annealing effect on electric contacts between carbon nanotubes and electrodes [J]. International Journal of Nanoscience, 2006, 5 (4-5)：401~406.

[70] Yunsung Woo, Georg S Duesberg, et al. Reduced contact resistance between an individual sin-

gle-walled carbon nanotube and a metal electrode by a local point annealing [J]. Nanotechnology, 2007, 18, 095203.

[71] Tans S J, Verschueren A R M, et al. Room-temperature transistor based on a single carbon nanotube [J]. Nature, 1998, 393: 49~52.

[72] Martel R, Schmidt T, et al. Single-and multi-wall carbon nanotube field-effect transistors [J]. Applied Physics Letters, 1998, 73: 2447~2449.

[73] Soh H T, Quate C F, et al. [J]. Applied Physics Letters, 1999, 75: 627~629.

[74] Martel R, Derycke V, et al. Ambipolar Electrical Transport in Semiconducting Single-Wall Carbon Nanotubes [J]. Physical Review Letters, 2001, 87, 256805.

[75] Jingqi Li, Qing Zhang. Annealing Effects on Electric Cntacts between Carbon Nanotubes and Electrodes [J]. International Journal of Nanoscience, 2006, 5 (4-5): 401~406.

[76] Yunsung Woo, Georg S Duesberg, et al. Reduced contact resistance between an individual single-walled carbon nanotube and a metal electrode by a local point annealing [J]. Nanotechnology, 2007, 18, 095203.

[77] Lifeng Dong, Steven Youkey, et al. Effects of local Joule heating on the reduction of contact resistance between carbon nanotubes and metal electrodes [J]. Journal of Applied Physics, 2007, 101, 024320.

[78] Changxin Chen, Lijun Yan, Eric Siu-Wai Kong and Yafei Zhang. Ultrasonic nanowelding of carbon nanotubes to metal electrodes [J]. Nanotechnology, 2006, 17: 2192~2197.

[79] Dai H, Kong J, Zhou C, et al. [J]. Phys. Chem., 1999, 103: 11246.

[80] Soh H, Quate C, Morpurgo A, et al. Appl, Phys. Lett., 1999, 75: 627.

[81] Zhou C, Kong J, et al. [J]. Phys. Rev. Lett., 2000, 84: 5604.

[82] Derek W. Austin, Alex A. Puretzky, et al. Simpson The electrodeposition of metal at metal/carbon nanotube junctions [J]. Chemical Physics Letters, 2002, 361: 525~529.

[83] Moonsub Shim, Giles P. Siddons, et al. Photo-and Thermal Annealing-Induced Processes in Carbon Nanotube Transistors [J]. Mat. Res. Soc. Symp. Proc. 2004: 397~402.

[84] F Banhart, T Foiler, et al. Ajayan the formation, annealing and self-compression of carbon onions under electron irradiation [J]. Chemical Physics Letters, 1997, 269: 349~355.

[85] V Derycke, R Martel, et al. Controlling doping and carrier injection in carbon nanotube transistors [J]. Applied Physics Letters, 2002, 80 (15): 2773~2775.

[86] 章仔雄, 董曾南. 粘性流体力学 [M]. 北京: 清华大学出版社, 1998.

[87] 粘正勋, 邱闻锋. 介电泳动——承先启后的纳米操纵术 [J]. 物理双月刊, 2004, 23 (6): 491~498.

[88] Herbert A. Pohl. Dielectrophoresis [M], Cambridge University Press, Cambridge, UK, 1978.

[89] T B. Jones, Electromechanics of Particles [M]. New York: Cambridge University Press, 1995.

[90] T B. Jones [C]. IEEE Engineering in Medicine and Biology Magazine, 2003: 33~42.

[91] M H Yang, K B K Teo, et al. Advantages of top-gate, high-k dielectric carbon nanotube field-effect transistors [J]. Applied Physics Letters, 2006, 88, 113507.

［92］ 高观志，黄维．固体中的电输运［M］．北京：科学出版社，1999.

［93］ 舒启清．电子隧穿原理［M］．北京：科学出版社，1998.

［94］ E. H. 罗德里克．金属半导体接触［M］．北京：科学出版社，1978.

［95］ G Binning, H Rohrer, et al. ［J］Physica, 1982, 109&110B：2075.

［96］ C R Leavens, G C. Aers in Scanning Tunneling Microscope III ［M］, Edited by R. Wiesen-danger and H-J Guntherodt（Springer, NY, 1993）：110.

［97］ D Sokolovski, L M Baskin. ［J］. Phy. Rev. A, 1987, 36：4606.

［98］ J G Simmons. ［J］. J Appl. Phys. , 1964, 35：2655.

［99］ 成会明．纳米碳管［M］．北京：化学工业出版社，2002.

［100］ Jijun Zhao, Jie Han, et al. Work functions of pristine and alkali-metal intercalated carbon nanotubes and bundles ［J］. Physical Review B. 2002, 65（19）：193401~1.

［101］ Masashi Shiraishi, Masafumi Ata. Work function of carbon nanotubes ［J］. Carbon. 2001, 39（12）：1913~1917.

［102］ Ruiping Gao, Zhengwei Pan, et al. Work function at the tips of multiwalled carbon nanotubes ［J］. Applied Physics Letters. 2001, 78（12）：1757~1759.

［103］ Kuttel O M, Groning O, et al. Field emission from diamond, diamond-like and nanostructured carbon films ［J］. Carbon. 1999, 37（5）：745~752.

［104］ A larie J P, Vo-D inh T. Antibody-based submicron biosensor for benzo ［a］ pyrene DNA aduct ［J］. Polycyclic Aromatic Compounds , 1996, 8：45252.

［105］ 李逸尘，潘爱英，姜信诚．光纤纳米生物传感器的研究进展［J］．国外医学生物医学工程分册，2002，第25卷第1期.

［106］ M. -W Shao, et al. Silicon nanowire sensors for bioanalytical applications：glucose and hydrogen peroxide detection ［J］. Advanced functional materials, 2005, 15：1478~1482.

［107］ Ming-Wang Shao, Hui Yao, et al. Fabrication and application of long strands of silicon nanowires as sensors for bovine serum albumin detection ［J］. Applied physics letters 2005, 87, 183106.

［108］ Kun Yang, Hui Wang, et al. Gold nanoparticle modified silicon nanowires as biosensors ［J］. Nanotechnology 17（2006）：276~279.

［109］ Hye-Mi So, Keehoon Won, et al. Single-Walled Carbon Nanotube Biosensors Using Aptamers as Molecular Recognition Elements ［J］. J. AM. CHEM. SOC. 2005, 127, 11906~11907.

［110］ Koen Besteman, Jeong-O Lee, et al. Enzyme-Coated Carbon Nanotubes as Single-Molecule Biosensors ［J］. Nano Letters, 2003, Vol. 3, No. 6：727~731.

［111］ Cui Y, Wei Q Q, Park H L, et al. Nanowire Nanosensors for Highly Sensitive and Selective Detection of Biological and Chemical Species ［J］ . Science. 2001. 293：1289~1292.

［112］ Alexander S, Gabriel J C P, et al. Electronic Detection of Specific Protein Binding Using Nanotube FET Devices ［J］. Nano Letters 3, 459-463（2003）.

［113］ Raquel A. Villamizara, Alicia Marotoa, et al. Fast detection of Salmonella Infantis with carbon nanotube field effect transistors ［J］. Biosensors and Bioelectronics, 2008,（24）

279~283.

[114] Fernando Patolsky, Gengfeng Zheng, et al. Electrical detection of single viruses [J]. PNAS, 2004, 101 (39), 14019.

[115] Chao Li, Marco Curreli, et al. Complementary Detection of Prostate-Specific Antigen Using In2O3 Nanowires and Carbon Nanotubes [J]. J. AM. CHEM. SOC. 2005, 127, 12484~12485.

[116] Eric Stern, James F. Klemic, et al. Label-free immunodetection with CMOS-compatible semi-conducting nanowires [J]. Nature, 2007, 445 (1): 519~523.

[117] Jong-in Hahm, Charles M. Lieber. Direct Ultrasensitive Electrical Detection of DNA and DNA Sequence Variations Using Nanowire Nanosensors [J]. Nano Letters, 2004, 4 (1): 51~54.

[118] 张严波, 熊莹, 等. Si 纳米线场效应晶体管研究进展 [J]. 微纳电子技术, 2009, 46 (11): 641~654.

[119] Young K K. Ananlysis of conduction in fully depleted SOI MOSFETs [J]. IEEE Trans Elec Dev, 1989, 36 (3): 504~506.

[120] 罗细亮, 徐静娟, 陈洪渊. 场效应晶体管生物传感器 [J]. 分析化学, 2004, 32 (10): 1395~1400.

[121] Li-Yang Hong, Heh-Nan Lin. NO gas sensing at room temperature using single titanium oxide nanodot sensors created by atomic force microscopy nanolithography [J]. Beilstein J. Nanotechnol, 2016, 7: 1044~1051.

[122] Z Y Cai, L Z Pei, et al. Electrochemical determination of benzoic acid using CuGeO3 nanowire modified glassy carbon electrode [J]. Measurement science and technology, 2013, 24: 1~8.

[123] S J Tan, I K Lao, et al. Microfluidic design for bio-sample delivery to silicon nanowire biosensor- a simulation study [J]. Journal of Physics: Conference series, 2006, 34: 626~630.

[124] Azeem Zulfiqar, Andrea Pfreundt, et al. Fabrication of polyimide based microfluidic channels for biosensor devices [J]. Journal of Micromechanics and Microengineering, 2015, 25: 1~9.

[125] I Zeimpekis, K Sun, et al. Dual-gate polysilicon nanoribbon biosensors enable high sensitivity detection of proteins [J]. Nanotechnology, 2016, 27: 1~8.

[126] Van Binh Pham, Xuan ThanhTung Pham, et al. Facile fabrication of a silicon nanowire senesor by two size reduction steps for detection of alpha-fetoprotein biomarker of liver cancer [J]. Adv. Nat. Sci: Nanoscience and Nanotechnology, 2015, 6: 1~6.

[127] Yan Liang Zhang, Jason Li, et al. Automated nanomanipulation for nanodevice construction [J]. Nanotechnology, 2012, 23: 1~10.

后　记

　　NEMS 传感器的产品开发及应用转化在美国、日本等国家已经大力开展并取得了突出成绩，国内相对来讲还具有很大差距。从 NEMS 传感器的研制及应用角度出发，通过系统阐述器件的研制过程、研制方法、应用领域等，著者期望能对 NEMS 传感器产品设计及成果转化起到推动作用。NEMS 传感器研究是一个前沿的研究领域，其性能优异并能应用于多种对象的检测。在生物化学检测方面，相对于传统生化设备检测，NEMS 传感器具有突出优势。著者从事微纳米技术领域研究时间较长，期间发表了多篇研究论文及专利。通过总结整理并系统组织相关研究成果，以专著的形成呈现给读者。

　　本书首先概述了 NEMS 传感器的结构类型、加工工艺类型和常用的测试方案，然后对目前国内外 NEMS 传感器研究取得的研究成果和发展现状进行了总结分析；针对 NEMS 传感器比较常见的场效应晶体管结构，从第 3 章到第 5 章详细阐述了两种不同的一维纳米结构组装 NEMS 器件的工艺方法，以及器件电路结构加工工艺等；第 6 章将硅纳米线场效应晶体管结构的传感器应用于空气生物气溶胶的在线检测；最后一章对 NEMS 传感器未来的发展方向进行了展望。

　　本书在完成过程中参考了许多国内外微纳米技术领域里多位专家学者的研究成果及科学观点。书中所取成果的研究过程中获得了清华大学叶雄英教授和北京大学要茂盛研究员的悉心指导和大力支持，同时感谢北京联合大学为本书出版提供经费资助。

　　由于 NEMS 技术的前沿性及复杂性，再加上著者水平有限，书中存在的不足之处，希望各位专家及读者不吝赐教和指正。

谭苗苗

2016 年 9 月